广西全民阅读书系

广西全民阅读书系

陶秉珍 著

植物漫话

小学版

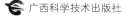

广西出版传媒集团　　广西科学技术出版社

图书在版编目（CIP）数据

植物漫话 / 陶秉珍著 . -- 南宁 : 广西科学技术出版社，
2025.4. -- ISBN 978-7-5551-2429-0

Ⅰ.Q94-49

中国国家版本馆 CIP 数据核字第 20255N6F58 号

ZHIWU MANHUA
植物漫话

总 策 划　利来友

监　　制　黄敏娴　赖铭洪
责任编辑　罗　凤
责任校对　苏深灿
装帧设计　李彦媛　黄妙婕　杨若媛　梁　良
责任印制　陆　弟

出 版 人　岑　刚
出　　版　广西科学技术出版社
　　　　　广西南宁市东葛路 66 号　邮政编码　530023
发行电话　0771-5842790
印　　装　广西民族印刷包装集团有限公司
开　　本　710mm×1030mm　1/16
印　　张　8.25
字　　数　107 千字
版次印次　2025 年 4 月第 1 版　　2025 年 4 月第 1 次印刷
书　　号　ISBN 978-7-5551-2429-0
定　　价　25.00 元

前　言

　　《植物漫话》由我国现代著名生物学家陶秉珍所著，自 1953 年首次出版以来，一直是我国青少年自然科学启蒙读物中的珍贵之作。本书通过中学生吉儿的视角，引导读者探索身边常见的植物，从最为常见的食用植物到具备药用、经济价值的植物，每一篇都紧扣实际，既有科学的严谨性，又不失文学的温情。陶秉珍先生通过吉儿这一富有生活气息的角色，让枯燥的植物学知识变得形象生动，带领读者走进一个充满生机的植物世界，触摸到大自然的脉搏，感悟到植物的美妙与重要性。

　　植物学是一个与时俱进的学科，随着科学研究的不断深入，植物分类学和相关知识也在不断地发展与更新。时至今日，原书中的部分植物分类和术语已经不符合现代的科学标准。为了确保这部经典作品能够以最纯粹、最原汁原味的面貌呈现给读者，我们尽可能保留了陶先生的语言风格与思想精髓。同时，为了帮助读者更好地理解与接收书中的知识，编者在适当的地方加入了简洁的注释，目的是以现代的视角补充和澄清某些可能产生疑问的地方。这些补充内容旨在帮助读者建立更为准确的科学观念，了解植物科学的发展脉络，认识到科学是一个不断演进的过程。在编排设计上，编者在每章开始前设置了导读，旨在使读者对即将阅读的内容产生探索的动力。

　　作为编者，我们希望这本书能够让更多的青少年读者在阅读的过程中，激发自己对植物、对自然的兴趣，同时思考植物分类和生物多样性背后的科学原理。希望每一位读者都能像吉儿一样，在日常生活中发现植物的奥秘，感受到大自然的无穷魅力，并在本书的启发下，开启属于他们自己的自然探索之旅。

编者

2025 年 1 月

序

　　讲植物分类的书籍，往往引用不大熟悉，或没有实用价值的植物做例子，使初学的人容易有不亲切的感觉，有时竟摸不着头脑。谈经济植物的书，又尽量把有用部分说得详细，而忽略了形态上的特征和分类上的位置。读者所得到的知识，是零星的、杂乱的，难以领会植物界的统一性和系统性。

　　这本书是以初中程度的读者做对象，用二十多种我国特产的经济植物做材料约略说明植物分类的系统，和各个的实用价值，并由我们祖先发现各种有用植物的功绩，和地大物博、资源丰富的现况，来启发读者爱祖国的热情。

　　这本书为了要引起读者兴趣起见，用一个初中学生吉儿做主人翁。他在实际经历中，发现了种种问题。这些问题，如果是一般初中学生容易想到而又无法解决的，那么这本书将提供一个比较正确的答案。

　　原稿写成后，承中国科学院植物分类研究所所长钱崇澍先生校读一遍，指正错误不少。这是著者和读者都应当感谢的。

陶秉珍序于浙江大学

一九五一，一〇，七

目　录

裂殖植物

导读： 吉儿在生活中的一个小发现——苹果的腐烂——引发了她对细菌的好奇。通过与父亲的对话，吉儿了解到细菌这种微小的生物无处不在，它们通过分裂或孢子繁殖的方式迅速增长，并能在自然界和人体内发挥各种重要作用。那么，细菌是什么形状，有哪些种类，对人类健康有什么影响呢？和吉儿一起来了解吧。

细菌

　　吉儿的父亲，从北京回来，带着一篓苹果给大家做礼品。吉儿舍不得把分得的苹果一时都吃光，就留几只起来。隔了一星期，拿出来一看，哪知鲜红光滑的果面上，已长上几块指头般大小的黑斑了。

　　吉儿便跑去问父亲："我的苹果，好好藏着，为什么会腐烂呢？"

　　父亲说："这是因为有一种腐烂细菌，在苹果上生长繁殖。"

　　吉儿问："细菌是一种动物还是植物？怎样繁殖的？请您仔细地讲给我听听，好吗？"

　　父亲说："细菌是一种非常微细，肉眼看不见的植物。因为是由分裂法繁殖的，所以叫作裂殖菌，和裂殖藻合称裂殖植物。

　　"细菌总是一个细胞，成一个个体。有的由许多个体集成群落，有的各个分离。身体小得很，要用显微镜才看得见，最小的要五六百个接起来，才有一毫米那么长。多数是无色的，有时产生非常鲜明的色素，叫细菌红素，从玫瑰红到深紫；也有现绿色的，但里面并不含有叶绿素。

　　"细菌的繁殖法有两种：一种便是一个分成两个，两个又分成四个的分裂法。分裂的方向有三种，有的是一个方向，便是从两端延长开去，构成了条线状的群落；有的是两个方向，便是向前后、左右分裂，构成了薄片状的群落；有的是三个方向，向前后、左右、上下同时分裂，便构成立方形的群落。细菌的繁殖速度很快，假定现在有一个细菌，每小时分裂两次，那么到第一小时完毕是四个，第二小时完毕是十六个，第四小时是二百五十六个，到第二十四小时便有 281,474,976,710,656 个，是全世界人口的一百多万倍。[①] 你看吓不吓人？"

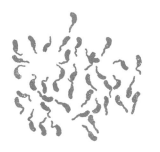
霍乱弧菌（霍乱）

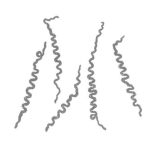
梅毒螺旋体（梅毒）

吉儿听得发呆了，接着又问："那么，还有一种繁殖法呢？"

父亲说："另外一种繁殖法，便是孢子繁殖。它们碰到不好的环境，例如十分干燥咧、高温咧，便把身体变成休眠孢子。这种休眠孢子，抵抗力极强，即使遇到 100℃ 的高温，像沸腾的水一般热，也有在五小时内不死的。这个孢子，碰到适宜的环境，又会分裂成许多个体。"

吉儿又问："那么细菌的形状是怎样的呢？"

———————

① 目前全世界人口超过 80 亿。（编者注）

父亲说:"细菌的形状,大体上可分为球状、杆状、香蕉状、螺旋状或丝状等。但通常由多数个体,集成块状、片状或线条状,像前面讲过的。有些细菌还长着鞭毛,能够自由运动,因此又可依鞭毛着生地点和数目,分成'周生'和'极生'。周生便是遍体都生鞭毛,极生只一端或两端生鞭毛。"

吉儿问:"细菌生长在哪些地方?"

父亲说:"自然界中,不论哪里,都有细菌发生,像空气里、水里、我们的肚子里、高热的温泉里、北极的冰层里,到处都有细菌。不过腐败物质里最多,像你拿着的烂苹果,正长着千千万万的细菌呢!细菌因为没有叶绿素,不会制造养分,只能把动植物的尸体腐烂分解,取得自己的养分,再使其余物质变为无机质,像二氧化碳咧、氢咧、水咧、氨咧。许多工业都要依靠细菌的帮助才能成功,像制造干酪,做醋,烟叶发酵,以及各种植物性药品的制造。有些细菌还会在土壤里制造氮肥,像豆科植物根上的根瘤菌便是。你总学习过了吧!有的还会帮助各种肥料的分解,供给植物吸收。"

吉儿说:"细菌倒有这许多好处,真是想不到的。"

父亲说:"有害的细菌也很多!有的使水果腐烂,有的使食物发馊,最厉害的还是病菌。它们能够在人类和动植物身体里繁殖,使寄主发生疾病。像你的祖父,是害肺结核病死的。就是有一种名叫肺结核菌的细菌,在他的肺部繁殖,消耗病人的组织,使他衰弱而死。又像你的大哥,是害伤寒病死的。因为伤寒病菌侵入身体,分泌致命的毒素,使他中毒而死。"

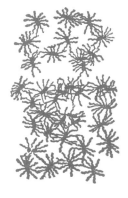

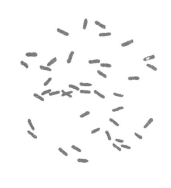

伤寒菌　　　　　　　　　　结核菌

吉儿说："这样讲来，细菌又是怪可怕呢。爸爸，你且讲讲细菌的种类，让我知道一个大概情形。"

父亲说："细菌的种类很多，大体可分作两大类，便是真正细菌和硫磺细菌。真正细菌的特点，便是体内不含硫磺粒和菌红素，一共分作六科，便是杆状细菌科、螺旋状细菌科、丝状细菌科、念珠状细菌科、球状细菌科、黏液细菌科。

"杆状细菌科里的细菌，菌体多呈圆筒形，又长又短，通常是笔直的，偶然有稍带弯曲的。分裂时，先伸到二倍左右长，再从中央分开。有的就照分裂时这样连成丝状的。其中没有鞭毛的，像病原性的肺结核菌、鼠疫菌、肺炎菌、马鼻疽菌、鸡霍乱菌，以及非病原性的使牛乳酸败凝固的乳酸菌、起醋酸发酵的醋酸菌、使亚硝酸变成硝酸的硝酸菌等都是。身体周围生鞭毛的，像病原性的破伤风菌、炭疽病菌、伤寒病菌、烟草立枯病菌、苹果腐烂病菌、胡萝卜腐败病菌，以及非病原性的枯草菌、马铃薯菌、大肠菌、根瘤菌等；体端生鞭毛的有病原性的萝卜甘蓝黑腐病菌、棉的角斑病菌、李的黑点病菌、柑橘的溃疡病菌、稻的白叶枯病菌以及化脓菌等；非病原性的，有使氨盐类氧化，生成亚硝酸的亚硝酸菌、硝酸还原菌……"

吉儿听得不耐烦，便截止①爸爸的话，说道："这许多细菌名字，我再也记不住！其余五科，不必讲了。总之我已经知道了，细菌的种类很多，形状不一，有的要引起疾病，发生灾害，有的能帮人做事。不过裂殖藻是什么东西，也得说个明白。"

父亲说："裂殖藻也是单细胞生物，有的独立生活，有的连成群落，也由分裂法繁殖。这些情形和细菌完全相同，不过细胞里含有叶绿素，能够自己制造养料罢了。"

---

① 截止：此处意为"打断"。（编者注）

藻菌植物

导读：海带、紫菜、银耳、木耳、香菇是我们在日常生活中常见的食物，它们形态各异，但都属于藻菌植物。藻菌植物还有哪些种类？它们各有什么样的特点？其中哪些能吃，哪些不能吃？快来一探究竟吧！

海带和紫菜

早上，吉儿看到母亲拿着一团绳索似的东西浸到木盆里去，忙问："这是什么？"

母亲说："这是咸货店里买来的海带，预备煮肉，午饭时吃的。"吉儿心中好生奇怪，因正忙着上学，便不再问了。

午饭时，一大碗海带煮肉放在桌上。吉儿央求母亲，讲明海带是什么东西。

母亲说："海带是一种海藻，山东登州一带出产最多。它的颜色是深绿带褐，因为除叶绿素外，还含着褐色素。这样的藻类，叫作褐藻。

"海带大多生长在寒冷的海水里，身体由三个部分构成：一条叶身，下面有稍稍带着木茎状的柄支持着，柄的下端是由一丛须状突起附着在岩石上。海带有许多兄弟，总称昆布属。叶身有种种形状，我们今天吃的海带，是呈长带形的。此外有呈扇形的，有的一再分歧，变成总状。如果由须状突起排列的情形，以及柄的内部是空虚或充实，外部有没有明显的浅沟，叶绿的特征等来区分，可以分作二十五种。太平洋里有一

昆布

种海带，长到一百多丈^①，可算是海藻大王了。"

吉儿夹了一片海带，送到嘴里咀嚼了一会儿，只觉得咸咸的，还带一些腥气，味道并不十分鲜美。便又问道："海带的滋味这样不好，为什么要吃它呢？"

母亲说："我们身体日常需要的营养物质，除蛋白质、淀粉、脂肪等有机物质外，还要少量的矿物质，像铁、磷、钙、碘等都是。如果缺少了碘，在项颈两侧的甲状腺便要肿胀起来，变成大颈病^②。平常我们是从食盐里的含量来补充的。山乡地方，食盐缺乏，碘的补充不够，大颈病也特别多。

"海藻里面，含的碘很多。做碘酒的原料，多是从海藻里提炼出来的，像海带便是一种含碘素很多的海藻。我们吃它的目的，就在于吸收一种重要养分，滋味的好歹，倒没大关系。"

吉儿又问："那么海带能够开花结实吗？"

母亲说："海带和别种海藻一样，不会开花结实的。它的繁殖方法是这样的：先在叶片上面生长许多单细胞的孢囊，孢子囊里面含着许多游走子。成熟后，孢囊破裂，游走子出来，用前后两端的鞭毛，在水里游泳一回。后来附在岩石上，发芽长成一条海带。"

吉儿又问："除海带外，还有哪些海藻？"

母亲笑着说："海藻的种类是数不清的。大体上可以分为

---

① 丈：中国传统计量单位，1 丈约为 3.33 米。（编者注）
② 大颈病：即俗称的大脖子病，医学名称是甲状腺肿。（编者注）

三大类，便是绿藻、褐藻和红藻。绿藻里最普通的是石莼，世界各地的海水里都有，形状是一片扁平的、不分枝的、薄薄的叶状体，略带圆形或卵形，外缘常有深深的缺刻。含着叶绿素，能够靠日光进行光合作用，制成淀粉。这种叶状体，由两层细胞构成，有的双方互相密贴地黏合着，也有分离着变成筒形。那种筒形石莼，像肿胀的动物肠子，叫人看了实在不痛快。

"红藻是产在深海里的，包括一切红色和紫色的藻类。叶绿素被红色的藻红素包裹着。由光合作用制的不是普通淀粉而是红藻淀粉。它们通常长在别种植物上，也有附在岩石上的，形状、大小不一，小的要用显微镜才看得到，大的有几寸高。"

吉儿抬头一想，忽然记到一件事，便问道："昨天我们吃的紫菜汤，也有些腥气，莫不是用红藻做的吧？"

母亲听了就哈哈大笑说："正是！紫菜是红藻里面牛毛藻科紫菜属的植物呀。[①] 它的形状像一条条的小带，也稍稍分歧。颜色有红紫、绿紫、黑紫等，长一两寸，宽两三分。[②] 在冬春季节，采来晒干，压成叠纸状，便成为咸货商店里出售的紫菜了。

"这种海藻的繁殖法也很特别。身体中一部分细胞分裂，长成许多精子。后来细胞膜破

紫菜

---

① 紫菜：红毛藻科紫菜属植物。（编者注）

② 寸：中国传统计量单位，10分为1寸，1寸约为3.33厘米。（编者注）

裂，精子便出去了。这种精子和普通的精虫不同，没有被膜和鞭毛，不会运动。卵细胞生在内容充实的母细胞内，每个一枚，用皮膜包着，这部分向外突起。不会运动的精子，在水里漂流着。如果获得机会，到达造卵细胞的表面，便附着不动了。接着周围生长一层膜，膜面再伸出一条鸟嘴般的授精管。精子里面的精子核，便从授精管下去，到造卵细胞里和卵核合并，完成受精作用。受精卵经过三次分裂，变成八个。后来造卵细胞的外膜破裂，八个受精孢子出来，在水中漂流，找到可以附着的物体，便再长成一条紫菜了。它们还会长成无膜孢子，来行无性繁殖。"

吉儿再问："此外，可以吃的海藻还有吗？"

母亲说："多着呢！像石花菜，原是紫红色灌木状的海藻，生在海底的岩石上，有四五寸高，晒干后变成黄白色。因为细胞膜的外层多含胶质，可以熬制冻胶，作为夏天食品。麒麟菜，是红藻类鸡脚菜属的植物，[1]也生在海中石上，颜色鲜红，外形和鸡冠相像。晒干贮藏，可以煮成糊吃的。"

麒麟菜

①麒麟菜：红翎菜科麒麟菜属植物。（编者注）

白木耳和黑木耳

　　吉儿家里，这几天来了一位远路的客人，便是振华舅舅。吉儿妈照料饭菜点心，很是忙碌。有一天，吉儿看见母亲把白色微黄、像象牙雕成的花朵或耳朵似的东西，从小盒子里拿出几团浸在温水里。一刻儿就膨胀起来，变成一碗冻胶。吉儿用指头去碰了碰，是那么柔软，简直同嫩豆腐一般。母亲又拿了一只大碗，盛了冷水，把那碗冻胶倒进去，慢慢地用指头洗去泥沙和夹在褶缝里的龌龊，剪去连在柄上硬的部分，再换清水浸着。吉儿便问："这是什么东西？"

　　母亲说："这叫白木耳，又叫银耳，是我国特产的滋养品，四川省产出最多。振华舅舅带来送我们的。"

　　第二天清晨，吉儿妈把浸好的白木耳，倒进瓦罐里，加水放上炭炉，用低火慢慢煎熬，一会儿就变成糊一般的东西了，再加冰糖。等到完全溶化，便盛了一碗，叫吉儿拿去给振华舅舅吃。

　　吉儿便问振华舅舅："这种白木耳，究竟是用粉做的？还是用糖做的？"

　　振华舅舅说："白木耳是一种

银耳

菌类植物，属担子菌群胶菌族胶菌科。[①] 担子菌群，是菌类里的一大群，不开花，不结果，专靠孢子来繁殖，和高等植物的种子一样。植物体原是在地下或腐朽木材里蔓延的菌丝，好比高等植物的根、干、枝、叶。到长成后，便由菌丝上，抽伸担子柄，直向空中，好比花萼、花瓣、雄蕊、雌蕊。担子柄上面着生孢子。老熟后，孢子向四处飞散。到了适当的场所，便吸收水分，发芽，长成菌丝，再蔓延开去。担子柄和孢子合称子实体，是菌类的繁殖器官。

"胶菌族的特征，便是担子柄由并列着的四条长形细胞构成，顶上各生一个小柄，柄尖生一孢子。子实体的外面，有胶状体保护着。它们多生长在已死的树木上，营死物寄生。我现在吃的，便是耳状子实体和胶质物。"

吉儿又问："那么这些白木耳，是从山里采来的吗？"

振华舅舅说："起初也许是采集自然生长的。后来因为吃的人多，光靠采集，不够供应，便有人来种植了。现在呢，光四川一省，每年要产两万多斤，它已经变成一种重要商品了。

"白木耳是我国的特产。主要出产地是四川的通江、万源、巴州、南江，贵州的遵义、团溪，西康[②]的巴安、甘孜，陕西的西乡、镇巴，以及湖南、河北、山西等省的深山里。

---

① 银耳：担子菌门银耳纲银耳目银耳科植物。（编者注）

② 西康省：中华人民共和国成立初期设立的省级行政区，1955年10月1日被正式撤销，其所辖地区并入四川省及西藏自治区。巴安、甘孜皆归入四川省管辖。（编者注）

"至于种植白木耳的方法，第一要拣好山岭重叠、林木茂盛、气候温暖、雨最充足的地方，以此作为培养地。其次，拣好白木耳喜欢寄生的母木，像壳斗科里的袍树、栎树、槲树等。但要三年以上的，拣定后把树砍倒，截去小枝，将树干截成三尺长的木段。如果是六七年生的粗干，有的对剖，有的在表皮上砍些裂口。这些木段叫作耳棒。再把这些耳棒堆在潮湿的树林里，最好略有阳光透射进来，风吹不到的地方。度过一个寒冬，使耳棒表面腐化变软，便于分生子繁殖。到农历二三月里，天气转暖，便把耳棒排列在树林下面，几十条一处，这叫耳床。新耳床一定要设在离老耳床不十分远的地方，否则产量不会太多。一到初夏，几回晴雨之后，耳棒的裂口上，就可看到白色的担子柄，三四天内，便长成灿烂的耳花了。这就是白木耳。

"到了这时，便要前去拾取，如果太迟，花朵萎凋腐败，便不能吃了。以后每隔十天，可拾取一回，直到秋末为止。一条耳棒上，究竟可采取多少耳花，要依气候的干湿而定。太干、太湿，都要减少产量的。也有去冬不伐木，到了早春叶芽萌动时，再伐木截条的，这叫'芽子山'，那么秋季仍有耳花采摘，直到西北风吹来为止。"

吉儿忙问："采来的耳花，怎样来烘干呢?"

振华舅舅说："在耳花旺发时，全家老小，都得上山拾取。拾取的时候，手势要轻松，如果表皮一破，胶水就会流出来。拾起的耳花，先放在竹篮里，积得多了，再倒入麻袋，在溪水里淘洗。拿回家后，把耳花串在细竹签上，搁在下有炭灶的铁丝笼上面。火势要低，缓缓烘干。如果火太大了，容易烘焦，颜色也不白，干燥过度，容易破碎，外观也不美。如果火势太低，便不容易干燥，水湿久积，耳质容易腐化，色泽灰褐，也有转成黑色的。

"白木耳的颜色，越白越好，淡黄或黄色的，都是次货。过去有些做生意的人，常将不白的耳花，用硫黄熏或明矾漂洗。"

"那么白木耳为什么算作补品呢?"吉儿再问。

振华舅舅说："我们吃白木耳的历史，还不过四五十年。据说在前清光绪年间，四川万源县^①西区，生产黑木耳的地方，偶然有些白木耳混生在里面，种木耳的人觉得稀奇，拿到城市里去卖。有些人买来作为案头摆设，同瓶花一样，后经试食，觉得有益身体，于是大家吃、大家种了。所以白木耳虽算补品，但古代医药书籍上，都没有提到的，可说是劳动人民的一种新发现。

"至于它的成分，据胡泽女士分析结果，是水分 15.2%、无机盐类 4%、粗纤维 2.4%、糖类 71.2%、蛋白质 6.7%、脂肪 0.6%。后面三项都有营养价值的，不过蛋白质和脂肪，含量不多，无关重要。糖类占的成分很大，实在是我们吃白木耳的主要目的物。这些糖里面，有许多肝糖，可以补充我们身体中糖分的不足，减轻肝脏的负担。而且它的糖类，成胶质状态，有增加血液黏度、防治出血、助消化、治便秘的功效。

---

① 万源县：今四川省万源市。(编者注)

"从前每两要三四块钱。现在已便宜得多了，大约一块钱就可买到一两。希望此后能够大量生产，售价再低廉些，使得一般劳动人民，也可买来治病养身；一面再作科学的研究，把里面的有效成分提炼出来，制成各种形式的滋养药品，推销到国外，也是我们对世界劳动人民的一点贡献。"

吉儿听得很欢喜，接着又问："那么我们做菜吃的黑木耳呢？是不是白木耳染黑的，为什么没有胶质呢？"

振华舅舅又对他说："黑木耳原是白木耳的堂房兄弟，都属担子菌群。黑木耳是木耳族，木耳科，也是营死物寄生的，长在桑、柳、榆、椿等腐朽的树木上。黑木耳菌丝，起先在木质里蔓延，后来生耳朵般的子实体。这种子实体，外表暗褐色，也有胶质，大的直径有两三寸，面上生毛，像剪绒一般。担子柄由四个细胞构成，排成一条线，每个细胞都伸出一条旁枝，顶上生一个孢子。把这种木耳采来烘干，便是店里出售的黑木耳了。在四川那边，黑木耳也是大量种植的。因用的木料不同，所产木耳，也有种种名称，像桑耳、槐耳、榆耳、柘耳等。我们吃的黑木耳好像是嚼不碎的，这是它的胶状体干燥后不易溶化的缘故。"

木耳

香菇

吉儿家今天要请客，所以格外忙碌。吉儿妈解开一个纸包，里面全是暗褐色、有柄有盖、雨伞一般的东西。接着又把它们浸在冷水里。

吉儿觉得奇怪，忙问："这是什么东西？有什么用处？"

母亲说："这是香菇，又叫香蕈。拿来做菜吃呀，味道真鲜美呢！"

吉儿想了一会儿，便明白了，说："这就是老师讲过的菌类吧！"

这时，振华舅舅刚从房间里走出来，说道："香菇也是一种担子，和前面讲的白木耳一样，先在腐朽的木段皮下，生长雪白的菌丝。到了一定时候，就向外面长出葫芦形的子实体。后来上段特别大起来，下面的边缘和柄分离，向上张开，变成了伞形。上面的叫作菌伞，下面一条粗柄，叫作伞柄，干燥后，便成香菇。"

香蕈

"那么，菌伞底面一条一条的是什么呢？"吉儿又问。

振华舅舅说："菌伞的底面有无数的狭长薄片，一端连着伞柄，一端连着伞缘，看去好像褶裥一般，叫作菌褶，上面生着无数的孢子。香菇一类的菌，因为形态特别，所以在担子菌群里，另外成立一族，叫作帽菌族或褶菌族[①]。

"香菇，原先也是自然生长在枯树上，人们采它来供食用。后来吃的人多起来，便有人到山里去种植了。

"种香菇的方法，大致和种白木耳相像，要用楮、朴、栎、枫、柯等粗大树木。树龄最好在十多年到四十多年，十年以内的，树皮太薄，不大合用。树木的直径，要从三四寸到七八寸光景。树木拣好后，要等到深秋树叶飘落，树干里含着丰富养分的时候，用锯子锯倒来，整棵放着，让它自然干燥。这样树木里面的养分，可以完全蓄积着，不致流失，而且树皮和木材部，不会脱开。到了明年三四月里，把细枝砍去，将主干锯成好多段，叫作段木。

"段木锯好后，可用斧头在四周树皮，砍上许多斜沟，伤口都向着细小一端。沟纹深约一分半光景，沟纹和沟纹离开六七寸。

"段木做好后，便要采取菌伞还不曾张开的新鲜香蕈，剪去菌柄，伞褶向下，放在玻璃板上或者瓷盆子里，再用一块清洁的布盖着，放进橱里。这样经过一两夜，拿去菌伞，便见下面有一层白色粉末。这就是从褶上落下来的孢子，它和高等植

---

① 香菇：担子菌门蘑菇纲蘑菇目类脐菇科木菇属植物。（编者注）

物的种子一样，有发芽长成菌体的能力。我们可用清洁的毛笔，蘸了水把孢子粘着，放到盛着水的杯子里去，就可供播种用了。此外还有采取连生三年香菇的枯烂树木，剥去树皮，刮下菌丝最多的部分，细细研碎，也可和在水里下种的。从三十来只香菇采来的孢子，可种直径四五寸、长约四尺的段木一百根。下种时，可把含有孢子的清水（叫作种液），装在壶嘴细长的白铁喷壶里，灌到段木的沟纹里去。如果大量种植时，可先把段木密密地排在地上，再用喷壶喷洒种液。此外还有注射法和浸渍法。

"下种完毕，便可把段木移到菇场里去。菇场要选择东向或东南向的山坡，并且有茂盛的树林，只有隐约的阳光照进来。地上安放好石块，把一根小些的段木搁在石块上，作为枕木。再把别的段木，粗大一头搁在枕木上，细小一头放在地面。这样阳光不会射到沟纹的里面去，菌丝不会枯死。段木安放后，再盖上枯枝柴草，保持适当的温度和湿度，使分生子能够发芽。分生子发芽变成菌丝，钻到皮层和木材部的中间，吸收养分，四处蔓延。大约经过四星期，菌丝已发育得十分好，这时可把盖着的东西拿去。

"段木在菇场上经过十四个月到十七个月，就是到第二年的春天或秋天，树皮上已经发出瘤状的白块，是快要生香菇了。这时必须把段木竖起来，否则香菇生出后，不容易采摘。竖立段木的方法，可先把细木横条，钉在树木和树木的中间，再把它们依靠横条立着。

"段木竖起后，便有香菇生出来。春季生长格外旺盛，菌伞很肥厚，顶点附近，还因表皮开裂而现出花纹，叫作花菇，价钱特别贵些。秋季生的菇，伞部很薄，产量也少。

"采菇的方法，手拔刀割，都要牵动菌丝，减少产量。最好是用剪刀去剪。采下来的鲜菇，要赶快烘干或晒干，才可长久贮藏。用火烘干的，要在屋内造一个烘灶，四周放着架子，架子上面放竹匾，里面盛着鲜菇。火力先要低些，后来慢慢加强，同时要把架子上下的匾，调换位置，使它们受到的火力均匀。晒干，便用席摊晒在地上，要晒三四天，才会变得干燥。此外还有阴干、串干等方法。"

吉儿听了这些话，接着又问："干燥后，便是店里出售的香菇吗？"

母亲回答道："是的。此外还有柄粗伞小的麻菇，是产在北方的。又有伞部大得非凡、直径有四五寸的冬菇，据说是在冬天生长的。"

振华舅舅又补充着说："香菇，我们南方也可种的，像安徽、浙江、江西、福建、广东等省的深山里都有人靠种菇过活的。"

吉儿又说："香菇既然原先是野生的，我们何不到树林里去采些来吃，口味总要比干的好些吧？"

振华舅舅说："对的，不过错吃了毒蕈可就不得了呢！"

吉儿说："哥哥讲过，毒蕈多是红色和橙色，而且多有臭气。我们拣白色蕈采就是了。"

振华舅舅说："毒蕈里面，也有和食用蕈很像的，蝇蕈、死蕈便是。蝇蕈常在松柏等森林里繁殖，瘠薄的土地上格外多，不过在草地上很少看到。它是单独生长的，并不成群。褶部是白色的，柄中空也是白色的，上面带着一个环。这是在菌伞未张开前，连着伞缘和柄部的薄膜，伞部张开后，膜便萎缩成环，留在柄上。柄的基部是圆球形，下面有许多碎片。伞面通常是黄色、橙色，有时也带红色，还有角状突起的小片，容易脱落。死蕈常常生长在木材上，或田野的边缘，草地上不大看到，单独生长，并不成群。褶和柄也是白色，柄基略带球形，球部的上方，有一鳞片状的膜，叫作团片。伞部的颜色不一，有的是暗黄色，有的是橄榄色，也有呈现光彩的白色。死蕈并没有干燥的鳞片，像毒蝇蕈那样，偶然也有少数膜状的缀片。

"毒蝇蕈里面有两种毒质，甲种是溶解在酒精里的结晶体，乙种可作镇静剂和瞳孔放大剂，把 $1/100 \sim 1/50$ 克的分量，行皮下注射，便有效了。死蕈的毒素，据阿勃耳和福特（Abel and Ford）两氏说，一种是和血液相像的物质，能够沉淀在酒精里，但不会受热和发酵作用的破坏。第二种叫死蕈毒，用 0.4 毫克的分量，便可在二十四小时内，杀死一只白鼠。中蕈毒的人，多半是吃了这种死蕈。不过吃下去，并非不能救活。如果吃的分量不多，用人工洗胃，或自然呕吐，取出了毒物也就没事了。

"有人说，什么地方生的蕈吃得，什么地方长的蕈吃不得；哪些时候长的蕈可吃，其余便吃不得；什么颜色或形状的蕈一定有毒，其余无毒等话，这些都是靠不住的。一定要知道蕈名，明白它们的性状，才不会误吃毒蕈呢。"

吉儿听了后，一定要振华舅舅陪他去采蕈的标本，让他明白明白。

苔藓植物

导读：吉儿发现家里的梅树枝干上长了"绿毛"，在父亲的解释下，他认识了苔藓植物。苔藓植物结构简单，却是最原始的高等植物，喜欢生长在潮湿的地面、岩石和墙壁上，仿佛是大自然的一张翠绿地毯，有的还可入药。苔藓植物还有哪些特点，又有哪些种类呢？一起看下去吧。

土马骔和地钱

吉儿近来很喜欢盆栽的花卉,家里原有几盆梅花,早晚浇水、捉虫,都自己来干。有一天吉儿看到树干上长起绿色的毛来,心里觉得很奇怪,便走去问父亲:"花盆里的梅树干上,为什么长出绿毛来呢?"

父亲跑去一看,笑着说:"这是长在树干上的土马骔,是一种藓类。你看!还有贴在土面上的绿色薄片,名叫地钱,是一种苔类。"

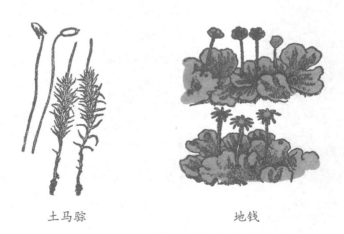

土马骔　　　　　　　　　　地钱

吉儿问:"土马骔仔细看来,是一条条的轴上长着鳞片状的细叶,倒有点像杉树,可是松柏科的植物吗?它的花和果是怎样的形状?"

24

父亲说："土马骔是很普通的藓类，并不属于松柏科。藓类和苔类，合称苔藓植物，是比菌藻更进步的一大群植物。它们不开花，不结果，凭着孢子繁殖，和菌藻植物相同。"

吉儿再问："那么苔藓植物的生活史怎样？请您讲给我听！"

父亲说："我们先讲土马骔吧。它的孢子小得要用显微镜才能看到，到了潮湿地方便吸收水分，开始发芽。首先伸出来的，是一条有隔膜的丝状体，贴着树干或地面蔓延，一面分枝。丝状体的下面有一行细胞，特别发达，构成假根，伸入树皮或泥里，吸收水分和养分。不久，下面的有些细胞长成了芽，再向上空伸一条直立的轴，周围长满线状的小叶，所以根、茎、叶的区分，已经有了一个开端。

"后来在茎的顶端，形成了雄器和雌器，外面有绒毛状的线状体和叶包着。有些藓类是雌雄异株的。雌器里面长成卵细胞，就是雌性配偶子，雄器里长成精细胞，就是雄性配偶子。"

吉儿又问："这些精细胞，可是由昆虫带去的吗？"

父亲说："这倒和花粉不同，不必昆虫费心。苔藓植物的精细胞稍带丝状，一端具有一对鞭毛。趁着下雨天，从水里游泳开去，有的到达雌器里面。精细胞一到雌器里面，其中一个精细胞便和卵细胞合并，也叫受精。受精卵在雌器里，分裂又分裂，扩大到相当程度，便又分作两部：柄和孢子囊。孢子囊又叫造孢体，在柄的上端。柄的基部埋进茎轴的顶点，有从母体吸收养分和水分的作用。柄慢慢地伸长，孢子囊也发达起来了。你看，上面一粒一粒的，便是孢子囊呀！"

　　父亲随手采下了一个土马骔的孢子囊，放在白纸上用手指拨去上面的盖，里面有细尘般的孢子出来。

　　父亲说："这叫藓盖，成熟后会自然脱落，让孢子出来。"

　　吉儿又问："听说苔藓植物是进行'世代交替'的。这话又是怎样讲的呢？"

　　父亲说："土马骔的生活史可以划分为两个时期，从孢子发芽，直到卵细胞受精止，植物体上是具有雌雄性器官的，叫作有性世代。从受精卵开始分裂起，直到孢子囊成熟止，是没有性的差别，叫作无性世代。两种世代挨次轮流，叫作世代交替。不过苔藓植物的特征之一，便是无性世代植物体，寄生在有性世代植物体的上面。"

　　吉儿又问："那么别种植物，是不是也有世代交替的情形呢？"

　　父亲说："有，像羊齿植物，从孢子发芽长成原叶，上面生雌器雄器，直到卵细胞受精止，完成了有性世代。从卵细胞发育长大，成为有根有叶的一棵植物，便是无性世代。它的无性世代植物体，非常显著，恰与苔藓植物相反。"

　　吉儿又把花盆一指，说："那么这些梅树呢？"

　　父亲说："种子植物，也行世代交替的。这棵梅树，要长花粉和卵，当然是有性世代了。卵细胞受精后，分裂又分裂，长成了一个胚，便是无性世代。它和苔藓植物一样，无性世代的植物，非常不显著，埋在有性世代的组织里。"

　　吉儿问："苔类和藓类的主要差别点在哪里？"

父亲说："苔类和藓类，性器官的构造，基本是相同的，但营养器官方面，却有多少不同。苔类的植物体或叶状体，多少贴附在别的物体上，例如岩石、泥土，或者稍稍斜向上方。至于藓类，普通当作植物的部分，总是直立上升。藓类的叶，是在一条茎上，四处放射地着生。因此，藓类是有放射构造的。至于苔类呢，植物体是分腹背的，上面的绿色浓，下面的绿色淡，这叫作腹背相称的构造。"

吉儿问："苔藓植物可以分为多少种类？"

父亲说："苔类里面，可分三族，便是地钱族、鳞苔族和角苔族。藓类通常分作两族：真藓族和水藓族。土马骔是属于真藓族土马骔科。"

吉儿又问："苔藓植物有什么用处呢？"

父亲说："从化学方面来研究苔藓植物的人并不多。成分方面，已经发现的，有单宁、树脂、芳香油、葡萄糖、酒精、色素、有机酸、枸橼酸、酒石酸等。在苔藓植物上，有时可发现淀粉和硅盐。有几种地钱和苔藓，是作药材用的。"

羊齿植物①

导读：蕨类植物是一种生命力极强的植物，广泛分布于世界各地，形姿优美，具有很高的观赏价值。因为叶子长得像羊的牙齿，因此最早研究它们的科学家也把它们形象地称为"羊齿植物"。这些羊齿植物是地球上最古老的高等植物，身上可藏着许多秘密呢！

---

① 羊齿植物：现在一般称"蕨类植物"。（编者注）

蕨和木贼草

学校里放了寒假，吉儿一个人到姑母家去玩。一进门，只见姑母、姑父和几个表兄弟正忙着，他们把小指般粗细、外皮黑褐色的根，在水里洗了又洗，再在臼里捣个稀烂。姑母又高高地卷起袖口，把捣烂的根放在布袋里，浸入木盆中的水里，一个劲儿地揉搓。待盆里的水呈现乳白色，就把布袋里的根，拿去再捣。木盆里的粉质沉淀后，倒掉上面的清水，再倒入瓷缸，移到太阳下去晒。

吉儿看了半晌，忙问："你们在忙什么？这是什么树的根呀？"

姑母说："这不是树根，是蕨的地下茎，我们每年冬天，都要做点蕨粉，你来得正好，帮帮忙吧！"

吉儿一边帮着做，一边拿起蕨茎来细细观察，只看茎的外面，包着一层黑褐色的薄膜，下侧长着一条一条须状的根，正和书上的插图一样。再拿茎的切断面来看，有几条粗细不等的淡黄色的筋条，吉儿知道这便是老师常常讲起的维管束。

这时姑父又跑过来说："你看这种维管束的排列方式很像竹、棕榈等单子叶植物的茎里的维管束，也是点点散布，中央稀，周围密的。而双子叶植物茎里的维管束，是导管部在内，筛管部在外，大家连接起来，排成圈子。在蕨茎里的排列方式是在散点和圈子的中间。就每一条维管束说，无论单子叶或双子叶植物，导管部和筛管部都是并列的。蕨茎上的维管束是导管部在中心，筛管部在周围，叫作同心维管束，其他的羊齿植物，也都是这样的。"

蕨

吉儿忙说："蕨，老师也讲过的。它长着大大的叶子，呈复羽状，孢子囊群便长在叶背。还有孢子囊群被、孢子囊、环带、孢子，真有点分不清。"

姑母说："像薇那样，孢子囊群是长在特殊抽伸的一条不含叶绿素的孢子叶上的。普通叶上，不生孢子。蕨和薇都是羊齿植物。"

一会儿，蕨粉晒干，小表弟便拿了一块给吉儿看，上面还有淡褐色的一层滓屑，下面有一层泥沙。吉儿用一把小刀，把上下两面刮削干净，便制成清洁的蕨粉了。

姑父又从橱里拿出一大包蕨粉，拣出几块，用纸包好，交给吉儿，要他带回家去，并且说："蕨粉可以包饺子吃，又滑溜又坚韧，要比水磨粉好得多。可做小汤团吃，还可调羹，吃法很多。如果冲糊用，黏力极强，碰到水都不会脱去，所以包在果实外面的纸袋，最好用蕨粉来糊贴。"

吉儿被留着吃午饭，桌子中央放着一海碗的羹，便是用新做的蕨粉调的。姑父又告诉他："还有一种蔓生的豆科植物，叫作葛。它的根像老丝瓜一般大小，里面含着许多淀粉。我们过几天也要去挖来做粉，这叫葛粉，又叫山粉，店铺里也有出售的。葛根漂粉后的滓（大部分是维管束），是修木船的材料。"

饭后，大家又谈到羊齿植物的世代交替了。

姑父说："你看蕨和薇不曾开花，便结下孢子，这叫无性世代，因为既没有雌株雄株，又没雌雄器官。不过孢子发芽后，并不是立刻长成蕨和薇，还要绕一个大弯儿呢！

"孢子发芽后，先长成一片叶状体，心脏形的居多。细胞里含着叶绿素，所以颜色是鲜绿的。这种叶状体，春天我们可在潮湿的地方看到。你要培养也容易，只需把孢子散在潮湿的绒布上，放在温暖的地方，过了几天，也会长成叶状体的。叶状体的下侧，有几条细根，构造简单，所以叫作假根。

"叶状体的下面又长着许多雄器和雌器。雄器在心脏形的尖端生长精子，雌器在中央部分，含着许多卵子，一部分埋进组织里面，上端有几个细胞构成颈部，将进出口拦住。到卵子成熟时，颈部细胞萎缩，开放口子，让精子进来。到精子和卵合并，完成了受精后，卵子的外面，便长起一层纤维质的膜。

"受了精的卵子，立刻发芽，并不需要休眠。向上伸出一片原叶，向下伸出一条原根，打横又伸出一条腿，又叫吸器，插进叶状体，吸收养料，暂时维持生活。当根伸入泥土里时，脚或吸器立刻枯萎，变成一个独立生活的植物。接着抽茎长叶，便是我们看到的蕨和薇了。

"羊齿植物，多在树林下面生长着，大家也不看重它。但在几十万年前的古代，它们也在地球上称霸一时。许多古代羊齿，多是参天古木一般大小，而且形成了大树林。它们枯死后的残骸，层层堆积起来，便成了煤的原料。"

"现在的羊齿植物里，有用的还有吗？"吉儿问。

姑父说："多着呢！有的可以做药材，有的可以提炼芳香精，制造香水。像我们用来擦光木材的木贼草，也是羊齿植物。

"木贼草也是一种很古老的植物。和蕨相像，地下茎每年抽伸新芽，长成两种枝，一种是结实枝，发育起来，顶端生着一群孢子囊，叫作球果。孢子都呈球形，靠两条螺旋形的带，帮助分布。一种是叶枝，鳞状叶是轮形地排列在枝的各节上。枝上含着叶绿素，能够进行光合作用。木贼草的皮层里，有许多硅质，摸上去很粗糙，所以可用它来擦光木材。"

木贼草

裸子植物

导读：在温带的森林中，生长着一些高大挺拔、叶子呈针状或条状披针形的树木，它们大都属于裸子植物。我们最常见到的裸子植物有松树、杉树，它们能开花，而且受了精的种子能在干燥寒冷的环境中生存。因此可以说，裸子植物是真正的陆地征服者。吉儿很困惑，这些植物的种子明明包裹在壳里，为什么说是"裸子"呢？

银杏树

吉儿放学回家，路上看到有一个挑着担子的人，边炒边叫"盐炒热白果"。到了家后，吉儿忙去问母亲："白果究竟是什么东西？我们去买些来吃吃看。"吉儿妈真的跑出去，买了一包回来。

吉儿看到白果外面是黄白色的硬壳，只轻轻一咬，便碎裂了。剥去外壳，里面有一层褐色薄膜，裹着一粒椭圆形的仁。颜色碧绿可爱，又是那么软软的。吃到嘴里，觉得清香微甜，而略带苦味。母亲又告诉他："你把这仁分开来，里面有黄白色的一条。把它拿去再吃，便不会苦了。"吉儿依照样一试，果然不错。

"这是生在哪些树上的？我们这里种得吗？"吉儿问着。

母亲说："白果是银杏树上的果实。银杏树的结果年龄很迟，公公种树苗，孙子吃果子。譬如说，爸爸种了一棵银杏，一直要到你生下孩子，长大后，才会结果，所以也叫公孙树。它是属于裸子植物里的公孙树类，公孙树科。[①]"

---

① 银杏：银杏科银杏属的植物。(编者注)

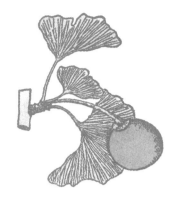

银杏

吉儿又叫起来："它的种子明明包裹在壳里，怎么说是裸子呢？"

母亲说："这是指开花时期讲的呀！胚珠长在闭口的大孢子叶里（便是子房的皮层，又叫心皮），受着保护和覆盖，直到它慢慢长成，种子成熟。这样的植物，又叫被子植物。胚珠生在一大孢子叶上，裸露着。长成种子后，有的仍旧裸露着，有的大孢子叶，长成厚厚一层肉质，包裹在种子的外面。前者像松树、柏树等都是，后者像银杏、桧、榧等。你刚才吃的是胚乳，里面黄白色的一条是胚，外面薄膜是内种皮，硬壳是外种皮，都是由珠皮、大孢子囊、胚囊长成的。本来硬壳外面，还有黄绿色的一层肉质（叫假种皮），像梅子、杏子一般。不过银杏的肉质是不能吃的。要堆在一处，让它自然腐烂后，再在水里淘净，剩下的便是白果了。"

吉儿又问："银杏树是这样长起来的，那什么叫作大孢子叶？"

　　母亲说："我们炒来吃的白果，如果把它放在湿润的泥土里，得到温暖和水分，胚便吸收胚乳的养分，开始活动。胚是由幼茎、幼根和子叶三部分构成。后来硬壳裂开，根便伸了出来，子叶被高高举起，钻出地面。到胚乳落下后，仿佛小孩子断了乳，它就开始独立生活了。幼根上面再一回回地分生枝根，叫作第二次根，构成一个发达的根群。幼茎是一直向上生长，毫无限制地长下去。以后的分枝，保持整齐的间隔，向四周伸出去，造成了圆锥形的树姿。叶片有两种，一种是鳞片形，一种是扇面形，扇面形的叶片上面，往往有一个深缺，成簇地长在枝的尖顶或节上。

　　"到了结果年龄，银杏树便在春天发叶时，从短侧枝上叶片或鳞片的腋里，抽伸花朵了。

　　"白果的花是雌雄异株的。就是雄的银杏树，专开雄花，雌的银杏树，专开雌花。不论雌花雄花，都没有花瓣、花萼这些器官，只生着大小孢子囊，倒是非常节省。

　　"许多雄花生在短轴上，好像一串小葡萄。每朵雄花，有一条短柄，这叫小孢子叶，和羊齿植物叶状体上面生的精子器，以及被子植物的雄蕊上的花丝一样。上面生着两个小孢子囊，和花粉囊一样。小孢子囊膜，各部薄厚不匀，干燥时，起不均衡地收缩，囊就裂开条长缝，里面的小孢子（花粉）飞散开去，到达雌花上，便可受精。

　　"雌花的构造是这样的：有一条柄状的大孢子叶，它的作用和被子植物的子房壁、苔藓植物的瓶形雌器相同，无非是着生和保护大孢子的。柄的上端有一个或两个裸露的胚珠。这就是裸子植物的特征。胚珠是由珠心、珠皮、花粉室三部分构成。珠皮虽包着大孢子囊，但顶上留着一个开口，叫作珠孔。大孢子囊里，有一粒大孢子。大孢子便是胚囊，里面有一粒卵子。卵子受精后，便变成了胚，大孢子别的部分便发育起来，长成胚乳，贮藏着胚需要的养料，也就是我们吃的部分。此外，大孢子囊和珠皮，变成了膜和硬壳，这条柄发育起来，就是肉质的假种皮。

"裸子植物，是一群古老的植物，在三叠纪时代特别兴旺，多数是灌木和乔木，又是终年不落叶的常绿树居多。现在共有松柏类、苏铁类和公孙树类三大类。其中公孙树只有一科一属一种，便是银杏树。[①] 因为这种树木，结果年龄太长，适应环境的变化很慢，因此慢慢地消减了。现在全世界，只有中国和日本，还能看到它。这是因为它的叶片形状美观，到了秋天，又会变成鲜明的黄色，木材坚实细致，可做器具，也可造房屋，特别受着人们的保护栽培，所以残留下来的。"

吉儿听完了说："不单白果好吃，连银杏树都是有用的树木，我们也在园内种两棵，一雌一雄，看它到什么时候才结果实。"

[①] 现代裸子植物的种类分属于五纲，即银杏纲、苏铁纲、红豆杉纲、松柏纲、买麻藤纲。其中，银杏纲只有一目一科一属一种，便是银杏树。（编者注）

水杉和杉

　　吉儿从老师那里知道西湖里要开浙江省农业展览会了，便回去和母亲商量，想去看看，长点见识。到了那天，便跟着母亲一同去。

　　会场设在西湖里孤山附近，有稻麦馆、棉麻馆、蚕丝馆、水产馆、畜牧馆、森林馆等。穿的、吃的、用的、玩的都有，数不清的陈列品，吉儿看得眼都花了。

　　吉儿跨进森林馆，只见左侧墙上，挂着一幅横额，上面写着"植物界的活恐龙"七个大字，好生奇怪，心想：恐龙是几千万年以前，横行世界的巨大四脚蛇，早早断种了，现在只能凭掘得的残骸化石来想象它当年的形态，怎么又活了起来呢？怎么又把它排到植物界里去，陈列到森林馆里来呢？真有点搞不通了。

　　吉儿赶忙跑过去看，原来只是用瓦盆种着的几棵杉树模样的植物。一条直立着的主干上，每节各有相对斜斜伸展的枝条，并且上下两节，相互更换伸展的方向。例如，最近地面的两条枝，是斜向东西的，上面的是斜向南北的，第三节又恢复到东

杉树

西向了。这样整齐地上去，造成四出形。而且下部枝长，上部枝短，远远看去，恰像一座四挑角的宝塔，非常美观。

枝上都长着小枝，向两侧水平地伸展着，小枝上面长着狭披针形的、没柄的短叶，交叉对生，呈两列状。每条带叶小枝，真像一把小小的竹篦子。水杉实物标本附近的墙上，还挂着一幅画着水杉花果的图。雄花都排成圆锥形的穗，长在没叶的短小枝的顶端。每朵雄花有三个粉囊。雌花也是集成穗形，和松球相像，下面有一条长柄，长在长叶的长小枝上面。一共有十一到十四对鳞片，交互对生。球果是圆形，稍呈四棱，也有稍稍带方的圆形。鳞片盾状，顶端中央，稍稍凹下。每一鳞片上有五粒到九粒种子。种子是倒卵形、扁平，两边有狭窄的两条翅。

水杉

1.叶枝；2.球果；3.雄花枝；4.雄花穗；5.一朵雄花；6.种子

　　吉儿看了一会儿，便不感兴趣了，牵着母亲的手，到园艺馆去看花卉果树了。

　　农展会看完，吉儿母子二人，雇了一只小划子^①，在平静似镜的湖面上，向着新市场划去。这时吉儿静下来，又想到那条"植物界的活恐龙"，便开口问道："刚才我们看到的几棵水杉，好像没啥稀奇，为什么他们会这样看重？"

　　母亲说："水杉是一种落叶性的大树，一到冬天，小枝便带叶落下，只剩下光光的粗枝。高的可到十市丈^②以上。

　　"最先发现的，是前中央大学^③森林系干铎教授。一九四一年，他路过四川万县南边的磨刀溪，看到三株落叶大树，形态和松杉相像。后来托人采得标本并且得知本地人将其称作水杉。再经过各位专家的调查研究，又在湖北利川境内，从水杉坝到小和一带，四十多里的山谷里，发现大小水杉一千多株。最大的一株，在汪营镇，高三十五公尺，近地面的直径，有一市丈左右，要五六个人才能合抱起来。总之，从四川万县到湖北利川，八百方里^④的范围内，都是水杉的分布区域。那边海拔在一千公尺左右，雨量充足，空气潮湿，冬天也下雪，但并不寒冷。水杉还有一种特别的脾气，喜欢长在水边。即使终年浸在水里，也能生长。这就是大家叫它水杉的缘故。

---

　　① 小划子：用桨拨水行驶的小船。（编者注）

　　② 市丈：市制长度单位，通称丈。一丈约为 3.3 米。（编者注）

　　③ 中央大学：一般指国立中央大学，是国民政府在南京建立的高等学校。（编者注）

　　④ 方里：即平方里。（编者注）

　　"一九四八年，确定我们的活水杉和化石水杉（Metasequoia）是同一属的，而且是这属里唯一的活标本，这一发现轰动了全世界。"

　　吉儿又问："偶然找到的一种特别植物，不是很平常吗？为什么说得这样了不起？依我看来，还是熊猫好玩呢！"

　　母亲笑着说："水杉原是一万万年以前，在北极圈内生长的。因为曾经在一万万年前的下白垩纪地层中，发现水杉的化石。后来到四千万年前，地球上的气候温暖，水杉便逐渐向南繁殖，像欧洲的西北部和东部，亚洲的东部和北美洲的西部，到处都生长着水杉，仿佛现在的松树，三千万年前移到我国东北、朝鲜及美国西部，两千万年前移到日本的东京附近和中国的四川、湖北。虽是几千万年前的事情，但我们还是可以从各种地层中挖掘到的化石中，约略推算出来的。"

　　吉儿又问："美洲和日本不是和欧亚大陆隔着大洋吗？水杉怎能繁殖过去呢？"

　　母亲说："在四千万年以前，北半球的大陆都连成一片，格陵兰和附近各岛，也都连在北美洲上，所以水杉能够在欧、亚、美三洲广泛地生长。两千万年前，地面的气候，发生了很大的变化，北方格外寒冷，水杉逐渐南移。但又因各地气候干燥，不宜生长，便在地面上绝迹了。人们只能凭着零星化石，去想象它们当年的姿态。这种情形和发现恐龙的情形差不多。现在居然找到了活的水杉，可不就是'植物界的活恐龙'吗？科学界把它算作二十世纪的重要发现。在这件事上，越发显得我们祖国的伟大了。"

吉儿问："那么水杉到处能种吗？有些什么用处呢？"

母亲说："水杉的适应能力很强，全世界北从阿拉斯加，南到爪哇，已有一百七十多处的植物园和林场，都已栽培由中国寄去种子长成的水杉。我国南北各地，大部分都能种植水杉；近水地方，生长得特别好。幼年水杉，树呈塔形，可以点缀风景。木纤维很长，颜色又淡，少油脂，可作造纸原料，因此实在有把它拿来大量造林的需要。水杉和银杏都是我国特有的'活化石'，而且都有很大的用处，你看我们多么自豪啊！"

母亲又接下去说："在松柏科植物里，我国还有一种特产树木，便是杉树。我们用它的木材，来造房屋，来做器具。而且东南、西南到处都有，产量是全世界第一。所以，在实用价值方面，它还高过水杉呢！"

吉儿问："杉树的形态、习性是什么样的？"

母亲说："杉树是松柏科杉属的常绿乔木，高的可到几丈。叶小，像针一般，略向上面弯曲。夏天开花，雌花和雄花都长在同一棵树上。果实是圆形的球果，成熟后果鳞开裂。我们如果把树干锯成了板，可以看到边材白色，心材淡红色，纹理直，坚软适宜。有红杉、白杉两种。红杉心材特别红，质地不及白杉坚牢。"

吉儿问："杉树是怎样繁殖的呢？"

母亲说："杉树可以由播种法来繁殖。但温暖湿润的地方，可以在惊蛰前后截取一两年生枝条，在山上扦插，也能长成新苗，而且比播种来得又快又方便。此后不到几年，便能长成一片杉树林了。"

单子叶植物

导读：白嫩脆甜的竹笋、酸甜可口的凤梨、可编成席子的灯心草、可做药材的贝母，功用各不相同，看似不相关，但其实都属于单子叶植物。这类植物有哪些习性？怎样繁殖？和人类关系怎么样？和吉儿一起来了解吧。

竹

　　吉儿的舅母家，今天送来两篮笋。母亲忙着剥壳，准备趁新鲜，烘成笋干。外面的壳是红褐色，上有暗褐色的圆斑，里面的肉又白又嫩，并且还有一节一节的圈子。吉儿又问在旁边帮母亲做事的祥姊说："笋是不是竹的孩子？我看很像呢！里面空，又是一节节的。"

　　祥姊说："你讲得很不错，笋是还未长成的竹竿，冬天在泥下面掘出来的叫冬笋，春天穿出地面来的叫春笋。"

　　吉儿又问："那么，我们夏天吃的鞭笋呢？"

　　祥姊笑着说："鞭笋倒不是竹的孩子呢！它长大后，不会变成一条竹竿，只能长成一条竹鞭。它实在是竹鞭的尖端。"

　　"那么竹鞭又是啥东西呢？"吉儿又追问下去。

　　祥姊说："竹鞭吗？是竹的地下茎，有贮藏养料、支持长长的竹竿使其不倒和繁殖个体三种作用。竹鞭上可以看到好多节，每个节上都有一个芽，肥大起来，便是笋和竹了。孩子们挤在母亲身边，那么日光、空气、养料都会成问题的。所以竹鞭会远远地伸展开去，抽笋长竹，使大家过日子过得好些。就这一点讲来，地下茎又比普通的树根来得方便些。"

　　"那么竹为什么老是那么粗呢？"吉儿又提出另外一个新问

题了。

祥姊说："这个我晓得，先生讲过。双子叶植物的茎里，维管束是一圈一圈排列着的，韧皮部的筛管在外面，木质部的导管、假导管在里面，中间夹着一圈形成层。形成层里的细胞能够不断地分裂，不断地增加新细胞，在外侧的便加入韧皮部，在内侧的便加入木质部。所以树干能够一年一年粗起来。至于单子叶植物呢，茎里的维管束是散点排列，分裂组织在各节的上侧，叫作生长带，所以只能伸长，不能加粗。各节长到一定程度，也就停止了。

苦竹

方竹

"竹属于单子叶植物中的禾本科，和稻麦、甘蔗等一样，也是只会伸长，不会加粗。你拿支笋来看一看，每节上侧，特别柔嫩的地方，便是刚由分裂组织长成的嫩细胞。这地方极易受伤，因此每节生一片壳包起来，保护它。这种壳又有一个特别的名称，叫作箨。笋初出地面时，伸长比较慢，后来逐渐加快，直到第二十五日到第三十日这几天，生长最快，每天可以伸长三四尺，便是生长带起劲分裂新细胞的缘故。到每节长到一定程度后，便不再分裂，细胞也渐渐老成，不必再受保护，箨就凋落，接着便是抽枝发叶，自己制造养料，过独立生活了。

"竹茎中空，一则为了节省材料，二则里面含着空气，使弹力增强。每节都有横隔壁，可以增加对风雨的抵抗力，并且防止竿的开裂。各部分的构造，都很有道理呢！"

吉儿又问："竹既然是禾本科植物，为什么不同稻那样开花呢？"

祥姊说："竹既然是种子植物，自然会开花啰！不过它不像稻麦这样一年开花。它是要活到几十岁，才开花结子呢！竹的花也是由内颖、外颖、雄蕊、雌蕊等，着生在一再分叉的细枝上，各节上都有鞘叶包着。

"竹的开花，往往延长到很久的时间，从上年秋季起，竹叶慢慢变红，到了冬初，梢头上的一部分花先开。到天气很冷时，又暂时停顿了。直到下年春天，绿叶逐渐脱落，枝条上到处生着一串串的花穗，到三四月里，便全部开放。花开过后，有的结下种子，也有不结实的。种子和大颗米粒一般，含着大量淀粉，叫作竹米，可以煮饭吃的。

"竹的开花，有些人认作不祥之兆，败家之象。其实是竹长大成熟后的必然现象，和稻麦的开花结子一样，用不着大惊小怪。不过环境不好时，像土壤里的养分缺乏，或者天气太干燥，或者多虫多病，荒芜不去整理，都能提早竹的开花期。竹开花结实后便要枯死，正和别种禾本科植物相同。"

吉儿问："竹产在哪些地方呢？"

母亲便接着说："全世界有经济价值的竹类，几乎都产在我国。所以竹也是我国的一种重要特产。我从前到过广东，那边有这样的谚语：'吃的竹笋，住的竹屋，戴的竹箬，烧的竹柴，穿的竹皮，着的竹鞋，睡的竹床，写的竹纸。'浙江山乡的农民，也把竹做纸，作为主要的产品。总之，长江流域和珠江流域各省，都是竹产的重要地方。

"讲到竹的种类，在我国的，有三十九属，五百多种，主要的有这样几种：

"一、毛竹，又叫孟宗竹、猫头竹、南竹。产在江苏、浙江、安徽、广东等省，是竿最高大、寿命最长、用途最大的一种竹。幼嫩时，节间密生细毛，各节下方，还有蜡质的白粉一圈。笋在未出土前，笋壳的颜色，有红黄和黑紫等色，长成竹竿时，表皮坚韧，肉质不十分厚，但质地细密，可以劈篾五六层，编制各种竹器。

毛竹

"二、早竹，又叫燕来竹，长江南北两岸都有栽培，是一种最普通的吃笋种。它的特点是节上的生长线很突起，分枝向上伸，叶片要比毛竹大，比哺鸡竹小。出笋很早，如果天气暖和，雨量充足，一二月里就可掘笋了。到了三月里，出笋顶旺盛，便是江南有名的春笋。箨多带红色，笋肉肥厚，价钱很贵。

"三、哺鸡竹，这也是一种普遍栽种的竹。枝条长，叶片比较阔大，叶尖全向下或半向下，俗叫蓬头竹，竿高三丈以上，直径有两寸以上。节要比早竹更突起。四月里出笋，产量很多。竹林里到处可以看到笋芽，好像鸡生蛋那样多，所以叫作哺鸡竹。哺鸡竹共有三种：一是花壳哺鸡竹，笋壳上有黑色斑条，笋肉硬，味略苦；二是白壳哺鸡竹，笋壳白色，味道好，价钱贵；乌壳哺鸡竹，笋壳全部黑色，笋形肥大，味道最好，销路最大。

"四、淡竹，又叫水竹，浙江种得最多。要比毛竹矮些细些，因产地不同，外形也不一样。通常竹竿的表面平滑，没有毛，颜色绿。笋壳淡褐色，稍带绿色，没有斑点。味道鲜美，可做罐头笋。今天舅母送来的，便是淡竹的笋。淡竹的竿质地细致，柔韧，不易折断，劈篾要比毛竹更容易。编织上等竹器，都要用它。

淡竹

"此外，还有笋味苦的苦竹，专做篆笋的黄枯竹，竿不中空的实心竹，竿成方形的方竹等。"

凤梨

天气热了起来，学校里放了暑假，吉儿跟着祥姊，到上海的赵姨母家做客。有一天，他俩出去玩，在马路边的水果摊上，看到一大堆稀奇的东西，椭圆形，比鹅蛋还要大，外边包上一层橙黄的、鱼鳞般的硬片，上面还有尖刺，顶上又有一丛硬质的绿叶，向四周张开着。吉儿好奇，祥姊便买了两个，带回家去。

吉儿一回到姨母家里，便把两个水果放在桌上，要赵姨母替他讲讲，这到底是什么水果。

赵姨母说："这是一种新鲜的水果，名叫凤梨，也有人叫菠萝。凤梨是单子叶植物，属凤梨科，是一种低矮的多年生草本植物。"

吉儿问："为什么叫它凤梨呢？"

姨母说："你看！它外面的橙色硬皮，排列得整整齐齐，不是和鸟类的羽片很相像吗？还有顶上的一丛绿叶，那么长长地张开着，正像凤凰的尾巴。"说着便把一个凤梨，颠倒拿着，做个样子。接着又说："它果肉的味道，甜里带一点酸，又和梨相像。凤梨这个名称，就是这样来的。"

凤梨

"那么为什么从前不曾见到呢?"吉儿的问题又来了。

姨母又说:"凤梨的原产地,是热带美洲。到了明朝,我国的广东、福建、台湾等温暖的地方,都种植了。台湾那边,还是明末的民族英雄郑成功,从福建带过去种植的。后来试种了优良品种,得到了好成绩,栽培事业便大大地发达起来,在一九四〇年,光是罐头产量,就多达六千万罐。自从日本投降后,台湾归还我国,运到上海来的凤梨,便一时多了起来。"

祥姊也在旁插嘴说道:"凤梨虽说是单子叶植物,整棵植物的形态构造,我们不曾见过,还不大清楚呢!"

姨母说:"凤梨是多年生的矮小的草本植物。茎团在一块,四周生着二十多条剑形的叶片,排成螺旋形。叶片是淡绿色和深绿色,有时稍带红色,又厚又坚硬。叶边有锯齿的居多,也有无齿的。叶面上有一层蜡质,可以防止叶里水分的蒸散,而且雨滴落在叶上,会马上滑下,流到根部周围。这些防旱的特征,就说明了凤梨的祖先,是长在干燥沙滩上的野生草类。

"我们吃的凤梨，是生在叶丛中间的果实。一条中轴，上面生着四十到六十朵小花，从下面起，依螺旋形排列，一直上升上去。每朵小花，有三角形的橙色小苞，这就是留在果实外面呈鳞片形的东西，和基部形成筒状。尖端三裂的紫色花瓣，里面有一条雌蕊，六条雄蕊。花也是挨次开放，十多天开完。花谢后，下面的子房肥大起来，便是我们吃的部分，里面也有细小的种子。这些种子，也能发芽长成一棵植物，不过时间很慢罢了。"

姨母讲到这里，随手拿了一把刀，削去凤梨外面的坚硬皮层，现出里面黄色多汁的柔软果肉。再切成好多块，叫祥姊和吉儿吃，并且说："凤梨是很好的热带果品，含着许多营养物质，像糖分、蛋白质、脂肪等都有，还含少量的磷和铁，维生素的种类更多。果肉里又含一种特别物质，叫菠萝酵素①，有分解蛋白质、帮助消化的功效。所以在饭前饭后吃，对身体是有好处的。此外还有通小便、治咳嗽等医药方面的作用。"

吉儿吃了凤梨，觉得味道很好，忙问："我们家里可以种植吗？怎样种呢？"

姨母笑着说："不是讲过了吗？凤梨是热带和亚热带的植物。我们江浙一带，属于温带，气候太冷，种不成凤梨的。至于怎样种，我倒可以讲讲。用种子的有性繁殖，因为时间太长，除育种外，没人采用。普通种凤梨，多用无性繁殖法，就是采

---

① 菠萝酵素：现称作"菠萝蛋白酶"。（编者注）

取芽体来种。像果实顶上的一丛叶，便是一个芽体，叫作冠芽。此外还有长在果梗四周的裔芽，从叶腋抽伸出来的吸芽，块茎地下部分生出来的块茎芽等，如果割下来，种在泥里，都能长成一棵凤梨。其中吸芽繁殖最好，次年一定结果；冠芽长成的植株，形状很整齐；裔芽比较丰产，块茎芽最差。培育幼苗时，要先把芽体晒干后，才可种植，否则容易腐烂，因为凤梨最怕水湿呢！

"凤梨每年结两批果，分别叫作冬果、夏果。冬果酸些，没有夏果那样甜美。"

祥姊说："听说苏联有一位著名的生物学家米丘林，曾创造了许多新品种，使原在温带地方栽种的果树，寒带区域也可栽种，并且结下肥大甜美的果实。我们是不是可以创造凤梨的新品种，来适应我们江浙一带的水土气候呢？如果可能，那么我们不仅可以常常吃到新鲜的凤梨，还可制成许多罐头，运到国外去销售呢！"

姨母说："'铁杵磨绣针，只教功夫深'，哪有办不到的道理呢？听说米丘林是用杂交育种、嫁接培养和改变环境等方法来创造新种的。这些方法已在我国农业试验机关试用，不久就可以向全国普遍推广哩！"

席草

天气是一天天热起来，吉儿床上还垫着褥子，有点睡得不舒服。姨母便拿出一条草席，替他换上。吉儿看到草席是由一条条的细圆挺直的草横编起来的，便问姨母："这叫什么草？"

姨母说："这叫席草，又叫灯心草，是属于单子叶植物灯心草科的宿根草本植物。我国在两千多年前的汉朝，已经用这种野生的席草，编成席子，铺在地面供人坐卧，叫作"席地而坐"。到了明朝，因为野生的产量有限，要用的地方太多，就有人特地在水田里种植了。可见席草也是我国的一种特产植物。"

吉儿问："这种草席，大家都叫宁波席子。是不是都从宁波运出来的？"

姨母说："我国种席草的地方很多。湖南、四川、广东、福建、浙江、江苏、台湾等省都有。就华东区讲，宁波最多，占百分之五十；台湾、苏州次之，各占百分之二十；其他各地，占百分之十。在抗日战争前，最多的一年出产一千万条。抗战期间，因为交通阻碍，运销不容易，减少到一百万条。之后，受着我人民政府的扶助、领导，加大生产，已增加到两百多万条了。席草除做草席外，还可编草帽、草扇、拖鞋、蒲包等，所以是农村重要的副产品原料。"

吉儿问："那么席草的形态和习性是怎样的呢?"

姨母说："池沼溪沟里面，我们常常可以看到野生的席草，形态和栽培种相同，不过茎高不到二尺，又比较细些。

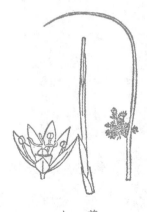

灯心草

"席草是单子叶植物，所以也有横在地下的根茎，根茎皮色淡黄，并且有许多密集的节，每节生一鳞片，交互重叠着把根茎包裹起来。各节都能抽伸一个新芽，和竹类的抽笋一样，叫作分蘖。所以整个根茎，恰像一把木梳。根是须根，长在根茎的左右两侧，长约十公分，周围稀疏地生着短短的枝根。

"新芽的形状恰像一棵小笋，中央是一条嫩茎，下端有五六个节，每节生一片叶鞘，像笋壳般把嫩茎包住。新芽抽伸，长成新茎，下面的叶鞘，也跟着抽伸，尤其是上面的两片，有长到两三寸的。像稻麦那样，每个叶鞘的顶上，还有一片叶，但席草的叶，早已退化得不留痕迹了。

"嫩茎伸长大约可长到三尺，最上一节特别长，约占全茎的三分之二。断面是圆形的，从离梢端五六寸处起，逐渐尖细上去，其余部分都是同样粗细。茎的下端，被叶鞘包裹部分，约有寸把长，这一截是白色的，其余全是绿色。我们如果把席草的皮剥去，便可看到里面有一条白色松软的髓，便是点灯用的灯芯，所以席草又叫灯心草。"

吉儿问："这样一条草茎里面的髓，怎样可以点灯用呢？你说的是什么灯呀？"

姨母说："现在我们不是用电灯便是煤油灯，从前多点菜油灯的。外婆家里不是还有一个古老的灯台放着吗？上面放上一个油盏，里面盛着菜油，再把一两根灯芯浸入油里，一端搁在油盏的边缘上，就可点火了。因为灯芯质地疏松，仿佛是好多条毛细管，可以把油吸到上面来，这和煤油灯里的带子作用相同。此外像蜡烛的芯子也是用灯芯缠起来的。"

吉儿问："那么席草的花，是怎样的？"

姨母说："席草到了五六月里，在离梢端四五寸的茎上，抽伸一条复总状花序，基部及各节，有鳞片保护着，大致有一条或几条的穗轴，在它的基部或各节上，着生穗枝梗，上面再生小穗花簇。每一小穗花簇，由一朵有柄花、一朵无柄花构成（也有两朵有柄、一朵无柄的）。每朵花有六片黄绿色的花被，三条雄蕊，一个雌蕊，柱头是三裂的。果实很细小，有三条棱，里面含着八粒到二十粒种子。"

吉儿又问："席草最好种在哪些地方？"

姨母说："席草不管气候寒暖，哪里都能生长。不过在寒冷地方栽培，生长的总不及暖地好。最适宜的气候是这样，春季气候温暖，晴朗的日子多，那么草苗生长强健，不会受冻枯萎。从六月上旬到七月上旬，要高温多雨，可使已经分蘖出来的新茎，伸长旺盛。七月中旬，已到了栽培末期，要晴朗温暖，可以使茎部充实硬化，割下来又容易晒干。如果栽培末期多雨，草茎多被冲倒在地面，阳光不足，空气不够流通，茎和叶鞘变成褐色而枯烂，色泽不好，收量也少。而且在气候温暖的地方，席草收割后，还可种晚稻，也有相当收获。

"席草喜欢的土质，大致和水稻相同，最好是黏质壤土，其次是壤土，最不相宜的是沙土和沙质壤土。因为黏质壤土，对于肥料成分的吸收力强，即使施用多量的肥料，也不会使席草的生长过于旺盛，而长成的席草，大致草质良好，产量也多。壤土能够进行深耕，年年施用相当量的堆肥、厩肥等，也能生产品质优良的席草。至于在沙土或沙质壤土上栽培的，草茎粗短过于坚硬，品质就差了。

"席草虽是一种水生植物，低田阴地都能生长。但浸在水里太深，茎便软弱徒长，分蘖不多，地上茎下部太细，带灰色，尖端有一截枯黄，叶鞘伸得特别长，使茎的无用部分格外长。茎成熟后，如果不能排水，会导致席草品质低劣，收获不便。所以种植席草，最好选择排水灌溉都方便的高田。"

吉儿问："那么席草是怎样种的？"

姨母说："席草是用分秧法繁殖的。夏天收割时，要预先留下一块，残茎留三寸左右长，到八九月里，又在继续伸长的新茎上，离地面五六寸处割下，以促进新芽的生长。此后每隔一两个月，中耕除草、施肥一次。到了冬天或早春，把这些根茎掘起来，依照预定的每株茎数，将根茎割开来，最少七八茎，最多二十多茎。割秧完毕后，便可向整理好的水田里插秧了。行株距离，因土质肥瘠、气候寒暖而有差别，一般是四五寸见方种一株。插秧的方法和深度，大致和水稻相同。

"席草是吸肥力很强的作物，在整田的时候，要先施用河泥，或人粪尿，或厩肥作为基肥。草秧插好后，隔两个月左右，就是立春前后，要施用人粪尿。在清明和谷雨之间，除施用人粪尿外，多数还施用紫云英绿肥，到小满前后，一般都用人粪尿；经济好一点的农民，也有施用豆饼或肥田粉的。总之，席草施肥的时期每次隔四十日到六十日。尤其将近成熟的时候，肥料切不可缺少，否则色泽不佳、草茎短、收量少。

"除草最好在整田的时候，将草根除净。如果在三月起长了很多杂草，可以在四月上旬和五月上旬，除草两回。此后，草茎伸长，杂草发生较少，除草工作也会变得困难。

"席草到了茎的浓绿色中微微带有黄色，显现一种光泽时，便可收割了。宁波一带是六月中下旬。如果要染色的，要早点割。席草晒干的程序，在宁波，有头朝、二朝、三朝等名称。从田间割下来，曝晒一天的草茎，叫作头朝；再晒一天，叫作二朝；经过三天晒干的，叫作三朝。头朝可在清晨摊晒；二朝、三朝要在露水干后再晒。普通头朝用上梢集中、下端散开的扇形晒；二朝用草茎并列的长方形晒；三朝用整束晒。到充分干燥后，就用草绳紧缚成捆，运到屋里贮藏。贮藏的时候，草茎堆的上下四周，要铺盖早稻草，使其受不到风吹日晒，否则草茎变成灰白色，编成的草席，质地就差了。"

贝母

　　吉儿昨天跟着表哥参加赛球，弄得浑身大汗，洗澡后，又在凉风中坐了好久，今早起床后，有点头昏脑胀，并且咳嗽不止。姨母便叫他留在家里休息。到了下午，吉儿咳嗽得越发厉害。姨母便到街上买了几包国药①，煎汤给他喝，并且说："你喝的药里有一种有名的国药，叫作贝母，有止咳、消痰、解热等功用。你喝了睡一夜，咳嗽就会好的。"

　　到了第二天，吉儿的病果然好了许多，觉得很开心，就问："贝母究竟是植物还是动物呢？"

　　姨母赶忙从倒掉的药渣里找出几粒贝母，拿给吉儿看，并且说："这是浙贝母，又叫大贝母，产在浙江的象山、鄞县②、杭县③等地方，形状大些。全体扁圆，和馒头相像，由两大片合成。产在四川省的松潘、灌县④和西康省的康定等地，形体小些的，叫小贝母，呈圆锥形，上端尖锐，由四五片鳞片合成，和百合相像。"

---

① 国药：即中药。（编者注）

② 鄞县：今浙江省宁波市鄞州区。（编者注）

③ 杭县：今浙江省杭州市。（编者注）

④ 灌县：今四川省都江堰市。（编者注）

吉儿问："贝母是什么科什么属的植物？形态怎样？特性怎样？"

姨母说："贝母是单子叶植物，百合科贝母属的植物，和百合、大蒜、洋葱、韭菜、葱等很相像。地上茎高一二尺，柔软多汁。上面的叶，有的对生，有的辐生，有的互生。叶是长披针形，边缘没有锯齿，平行叶脉，顶端三片叶子，比较狭小，而且尖端卷曲。四五月里，梢头叶腋

贝 母

抽出三四条短梗，各着生一朵下垂的花，有六片花被，合成钟状，为淡黄绿色，外面有淡绿色线条，里面有紫色斑点，连接成网形。雄蕊六条，有大型的花药，雌蕊一个，花柱长，柱头三裂，子房上位，分二室或三室，内有倒生的胚珠。花后结浆果，种子含肉质的胚乳。"

吉儿问："贝母是野生的呢？还是人工栽培的呢？"

姨母说："现在都是人工栽培的。贝母性喜高燥肥沃的土地，最怕低湿的黏土，所以要选择沙土和黏土混合的土壤。贝母又是温带植物，凡雨量不多、气候变化不大的地方，都可以栽培。

"先把预定栽培贝母的土地，整理、筑畦，再用锄头挖成三寸深的穴，各穴的距离，自五寸到一尺。拣取优良壮实的贝母鳞茎，放在掘好的穴里，将土盖好，略略压平。每亩土地，约可种贝母一千斤。贝母多种在桑树下面，作为一种副产，但也

有专种贝母的。十月里下种，次年一月里发芽，二月芽出土面，逐渐长大，四月开花。种贝母的人，要将花摘去，这样可以使地下的鳞茎，生长得好一些。下种后，在发芽时，以及地上茎成长时，各施肥一次。一般用人粪尿、豆饼、肥田粉、绿肥作肥料。贝母的鳞茎，常被一种名叫石鼠的昆虫食害，要掘土捕杀，或用药液浇泥土来灭杀它们。

"贝母到了五月下旬或六月上旬，鳞茎成熟，就可采收。先用锄头将泥土掏松，再用手轻轻拔起，剪去上面的茎就行了。通常每株可得两个贝母，每亩可收两千斤，恰巧是种下去的两倍。新掘起的贝母，放入竹箩，在河中淘洗，除去泥土。再放入船形的木桶里，每桶约可容贝母四十斤，加入生石灰一斤，两人相对，各握住木桶的一端，用力推摇。桶里的贝母，经石灰摩擦，外皮全部脱去，再摊在日光下，经五六天晒干，便可出售了。"

吉儿问："我国全年出产贝母多少斤，运销的情形怎样？"

姨母说："贝母是我国特产的药材，栽培历史很久远，产区也相当多。从前湖北、河南、安徽等省，都有出产。现在要算四川、西康出产最多，每年运出来的有七八千斤。此外山西的解县，每年的产量也有七千多斤，主要运销河南。浙江要算贝母的新发展区，起初只有象山县有人栽培，所以浙贝又叫象贝。后来有人把它移植到杭州的笕桥和鄞县的鄞江桥两地，因为试植结果良好，所以产区面积逐渐扩大了。现在浙江全省，每年出产的贝母就有八千几百斤。输出国外的，每年有四五千斤。

　　"象贝和川贝，功效不同，象贝大苦大寒，清解的功用多；川贝微苦微寒，滋润的效果大。据药学大辞典记载：贝母能够润肺、清火、解郁、祛痰、止咳，是缓和的镇咳剂。此外又可治急性气管炎和毒虫的刺伤、乳痈、风湿、眼病等，又可止血、催乳。我国药草专家赵承嘏研究浙贝母多年，曾经从浙贝母里提出两种结晶性的植物碱，叫作甲种贝母素和乙种贝母素。后来又从川贝母里提取丙种贝母素。可见川贝浙贝，虽然同是贝母，有效成分却不同，所以医学上的用途也不同。"

香蕉

　　吉儿和祥姊，在赵姨母家住了十多天，眼看暑假将满，便向姨母说明，要回家去了。姨母也不便强留，买了些东西，叫姊弟俩带回去。

　　姨母赠送的礼物中有一大串香蕉，吉儿格外感兴趣。一到家里，便忙不迭地要母亲讲明"香蕉究竟是怎样生长在树上的"。

　　母亲说："你要知道香蕉树，跑去看我们后园的芭蕉树，便可明白八九分了。因为香蕉和芭蕉原来是一对亲弟兄呀！

　　"香蕉也是单子叶植物，属于芭蕉科芭蕉属，多年生的草本植物。高低不一，有的高二十多尺，有的只有三四尺。每年春末，抽伸新叶。叶很大，成长椭圆形，中央一条肥大的中肋，两侧全是平行的叶脉。像这样的叶脉，在植物学上，叫作侧脉或侧出脉。到了初夏，伸出一个穗状花序，中央一条粗大的花轴，便是这串香蕉的柄，各节上面长着半圈的花，有一片淡黄色的苞叶盖着。这样交互生着，直到顶上。每朵小花，形状不整齐，花瓣紫色，有六根雄蕊，一根雌蕊。子房生在花瓣的下面，像向日葵的小花一般。受精后，子房肥大起来，苞片落下，便成一串香蕉了。你看，这串香蕉不是半圈半圈、交互地生在柄上吗？"

香蕉

　　吉儿接着问："那么芭蕉和香蕉，究竟有哪些不同的地方呢?"

　　母亲说："香蕉和芭蕉，虽说是亲弟兄，毕竟也有个分别。第一，香蕉是在热带、亚热带住惯的，移植到温带来，即使能够生长，也不会开花结果；而芭蕉是可以在我们温带的地方种植的。第二，香蕉的叶是暗绿色的，上面还有蜡质的白粉；芭蕉的叶是黄绿色的，没有白粉。第三，香蕉的果实肥大，味道甜美，芭蕉的果实细小，不能吃。"

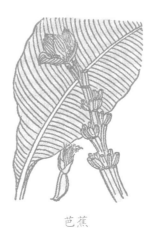

芭蕉

　　这时，吉儿正拿着一只香蕉，剥下皮，缓缓地吃着。过了一会儿，又突然问道："怎么香蕉里没有种子呢？"

　　祥姊抢着说："这个我听先生讲过的。香蕉本来也同芭蕉那样，含有细小种子，后来因为大家都用无性繁殖，不用种子来播种，慢慢退化下去，就变得无影无踪了。这就是外界条件改变了它的本性。现在还带着细小种子的香蕉，也不是没有。"

　　母亲再补充着说："外面黄色的一层是外果皮，里面白色的一层算中果皮，我们吃的部分，便是内果皮了。"

　　吉儿又问："那么香蕉有多少种呢？"

　　母亲说："香蕉有几百种呢！常见的有生食种、煮食种和中国矮脚种三类。生食种便是一般的香蕉，果大味美，适于生食，像广东的芝麻蕉、樵夫蕉，广西的香芽蕉，台湾的北蕉、仙人蕉、苹果蕉都是。煮食种，果形也大，果肉坚实，含淀粉很多，糖分少，生食味道不好。有些地方把它煮成稀饭似的东西，靠它维持生活，有些地方作为菜蔬吃，像广西出产的大蕉、鸡蕉，台湾的木瓜芎蕉都是。中国矮脚种，树只四五尺高，能够抗风耐寒，果形小，果皮薄，可是口味特别好。"

　　吉儿再问："香蕉是不是同凤梨那样，吃了有许多好处？"

　　祥姊接着说："香蕉果肉里，除七成多的水分外，淀粉和糖分的含量最多，有两成半左右，蛋白质和脂肪的分量，要比凤梨更多。还有相当多的磷和各类维生素。香蕉除供生食、煮食外，还可制成干粉。这是一种既营养又易消化的粉，可以做面包，也可作辅食喂小孩。"

吉儿说："香蕉从广东运来，要花费好多天才到我们这里，到时已经不新鲜了。我想，到香蕉树下去采来吃，口味一定还要好些。"

母亲说："刚采收的香蕉，简直同青柿一样涩口，是不好吃的。一定要经过相当时间的后熟，到果皮变黄色，果肉发软，淀粉全部转化成糖后，方才可以吃。这种情形，和暖柿使柿子变红一样。后熟的方法，各地不同，通常把香蕉装在坛里，点几根大线香，使烟充满空隙。这样，在夏季经过两三天，冬季五六天，就可出售供食了。新法有用乙烯催熟的，不过门窗要密闭，室温要保持华氏八十度到九十度[①]。"

"那么香蕉喜欢长在怎样的地方呢?"吉儿再问。

母亲说："香蕉也有喜欢凉冷的，温带也可栽培，不过好的生食品种，总爱高温多湿的气候。凡是平均气温，夏季在华氏七十度到九十度，冬季也在华氏六十度以上，四季温暖，不分冬夏，全年雨量在一千五百到二千五百公厘[②]的区域，都可栽培。

"至于土壤，除了沙土和黏重土，都可栽培。不过香蕉假茎柔软，需要水分多，所以在山地或旱地栽培时，要注意灌溉，但是地下水过多也容易引起萎缩病，在水田或低地上种植时，应该注意排水。"

---

① 华氏温度：英制温度，单位为 °F。华氏温度＝摄氏温度 ×1.8＋32。(编者注)
② 公厘：毫米的旧称。(编者注)

双子叶植物
——离瓣花类

　　导读：双子叶植物是一般其种子有两个子叶的开花植物的总称，依据有无花被可以分为离瓣花和合瓣花类。离瓣花类涵盖了许多重要的经济植物：桑树能助力养蚕，樟树香气迷人，鱼藤藏着杀虫秘密，橡皮树无私奉献橡胶，油桐产油，盐肤木能制药，漆树贡献涂料，茶树带来茶香，人参更是珍贵……它们各显神通，在植物界超有"存在感"！

桑

吉儿趁着假期，到姑母家里去玩。见他们正忙着养蚕，用一箩箩挑回来的树叶，饲喂洁白肥胖的蚕，有的人在切叶，有的人在除沙（蚕粪俗叫蚕沙）。吉儿不愿多问，怕耽误了他们的工作，玩了一会儿便回家了。

回到家里，看母亲正闲着，便提了一大堆的问题。首先问："我国从什么时候起，开始种桑养蚕的？"

母亲说："蚕原是一种野生的昆虫，寄生在桑类植物上。入山砍柴的人，看到一串串雪白的茧，可能因好奇而采回家来。大家想办法，捻成线条，织成了世界上第一块绸。后来需要增加，光采野茧已供不应求了，因此就有采野生的桑叶，在家里养蚕的人。野生的桑树，又有供不应求的情形，便开始种植桑树了。于是，种桑、养蚕、缫丝，以及织绸的方法，依靠群众的智慧和创造性，逐渐地改进下来。古书上，说什么西陵氏之女嫘祖教民种桑养蚕，是不能完全相信的。也许西陵是一个最早养蚕的氏族社会，嫘祖是一个努力养蚕的人。据可靠的记录，我们祖先，在四千多年前已经种桑养蚕了。所以桑树也是我国特产植物中最重要的一种。"

桑

　　吉儿问："那么桑树属什么科？形态又怎样呢？"

　　母亲说："桑树是双子叶植物，桑科桑属的落叶乔木。春季三四月里，花叶一同开放。叶是互生的，有锯齿，有的生缺裂，有的不生缺裂，因品种而定。通常为淡绿色，花小单性，雌花雄花长在各株上。没有花瓣，只有花萼，带淡黄色，排成穗状花序。雌花的柱头对裂。雄花有四条粗短的雄蕊。果实多肉，好多粒附着在中轴上，成长椭圆形。果实成熟后，有些现紫黑色，有些现白色，有些现红色。这些黑桑、白桑、红桑，都是桑树野生时代的种，叫作原种。自从养蚕事业发达起来，在各种风土下种植桑树，受着外界条件的影响，发生种种变化，再经过人们的选择，便产生了很多品种。"

　　吉儿问："桑树的主要品种有几种？"

　　母亲说："最普通的是湖桑，产在浙江吴兴县（原先叫湖州）①。发芽比较迟，可作壮蚕的饲料。叶肉肥厚，滋养料极多，

――――――――――

　　① 吴兴县：今浙江省湖州市吴兴区。（编者注）

桑果很少，叶量极多。桑树的品种大约有二十种，但主要分为三个类别，即普通桑树、野生桑树和变种桑树。我们只拣比较常见的来说一下：火桑发芽最早，可作一二龄蚕的饲料。叶是心脏形，刚开放时，叶尖带红色，所以叫作火桑。叶面光滑，虽经雨打湿，也容易干燥。树干高大，枝条柔软。鲁桑是山东的原种，有鸡冠鲁桑和实生鲁桑两种。鸡冠鲁桑叶形圆大，叶肉肥厚，有光泽，成长迟缓，节间短，枝条长成时，尖端屈曲起来呈扁平状，和鸡冠相像，所以有这名称。实生鲁桑，发芽较早，可作一二龄蚕的饲料，不过叶片又小又薄。"

吉儿问："那么桑树怎样栽培呢？"

母亲说："桑树对气候的适应性很大，除极冷极暖的地区外，多能种植。土壤方面，最好是沙质壤土和黏质壤土。繁殖法多用生桑树的果实，在水中搓揉，使种子和果肉分离，再加水洗净，用篾箩或竹筛滤过，除去黏液，便得到种子。有的立刻播种，有的阴干后，等待次年春暖后再播种。种子发芽时，先伸出两片子叶，所以是双子叶植物。苗木长成后，普通的叫作草桑，专供嫁接时的砧木用。嫁接以枝接为主，也有用芽接根接的。接活后，再培养一年，就可作为桑苗，运到别处去种植。

"种植桑前先要整理场地，因为整枝方式不同，畦间株间的距离也各不同。像中刈的，畦间距离五六尺，株间距离五尺到七尺；高刈的，畦间距离九尺到一丈二尺，株间距离相同。每亩种植株数，中刈的是二百五十七株到三百株；高刈的是五十株到七十五株。种植期，从秋季落叶起到春季发芽前，任何日子都可以。大概温暖的地方，在秋季落叶后种植好些，寒冷地方因为冬季有冰雪，早春有晚霜，最好在发芽前种植，约在清明前后。"

吉儿问："什么叫作中刈、高刈？"

母亲说："这是桑树整枝的两种形式呀！桑苗种植后，经过肥培耕耘，到了晚秋长到六七尺，便用稻草裹起来过冬。次年春天，如果采用刈法，就在离地面二三尺处切断。发芽后留一条新梢，其余统统除去。第二年春天，长到八九尺，再把去年新梢留下的二三尺，剪去上截。新梢抽伸后，留下三条，其余统统除去。到第三年春天，各枝都留下二三尺掘芽，剪去上截，到秋天共得十二三条。第四年春天，便可采叶饲蚕了。高刈法，是在离地面六尺内外，行第一次修剪，留下一芽，长成新梢。第二年留二芽，长成两条新梢。第三年在每条枝上，各留二芽，共得四条新梢。第四年每条又各留二芽，共得八条新梢。第五年得十六条新梢，到第六年开始采叶。用这种整枝法的桑树发病少，多采叶，树龄又长，所以是一种比较好的整枝法。此外还有根刈、密植等形式。我国桑园，多采用中刈，每条主枝都成拳状，以后年年依拳修剪，所以叫作拳桑。"

吉儿问："那么此外还需要哪些管理呢？"

母亲说："最重要的是施肥。因为桑树发育旺盛，肥料的消耗比较别种作物多，而且桑树是采叶的作物，所以氮素的补给更要注意。石灰有促进有机物分解的能力，能够中和土壤中的酸性物质，所以桑树肥料，除三要素①外，还要加用石灰。施肥的时候，畦间掘一尺左右的沟，施肥后再把泥土盖上。每年施肥三次，第一次，在三月中旬；第二次，在春蚕采叶后；第三次，在秋季落叶时。此外还要行中耕除草，冬季裹上稻草。"

吉儿问："现在有没有野生的蚕？"

母亲说："有，我们的桑树上有一种害虫，便是野蚕。它们是自然生长的，在桑树上吃叶长大。老熟后，也做一个淡黄灰色的茧，椭圆形或纺锤形，不过中央不细缢的，长约一寸，宽约四分，质很粗糙，茧的一端，有细长纽，悬挂在叶片上面。这种野蚕，可能是家蚕的祖先。它的茧，在几千年前，便供给人们做衣服的原料。

"另外，山东还有一种柞蚕，是要吃壳斗科植物的（和栗树相像的）叶。人们便把它们放饲在山野间，到时候现成去采茧抽丝。这种柞蚕，还保持着原始生活的习性呢！"

---

① 三要素：即氮肥、磷肥和钾肥。（编者注）

樟树

今天吉儿放学回家，母亲给他一串桂圆般大小的白色圆丸子，外面还套着一只稀眼网套，上面有两条红线，可以悬挂。吉儿看得很奇怪，忙问："这是什么东西？"

母亲说："这叫樟脑丸，挂在身上可以避秽气，放在床上可以赶走跳蚤等虫类，现在天气热起来了，你也该备一串。"

吉儿拿近鼻子一闻，觉得有一种异样的气味，又问："樟脑？是从樟树里提炼出来的吗？"

母亲说："这是从臭柏油里提炼出来的，化学上叫作萘。"

吉儿问："那么药店里卖的樟脑呢？"

母亲说："那种樟脑才是从樟树的根茎叶里提炼出来的，和樟脑丸的原料是完全不同的两种东西。"

吉儿问："樟树是怎样的树木呢？"

母亲说："樟树是双子叶植物离瓣花类樟科樟属的常绿乔木，生长在温暖的地方，树高十几丈，叶片是互生的，有长柄，冬天不脱落。叶片呈卵形，有一个尖端，叶肉很厚，叶面有光泽。到了五六月里，从叶腋抽出花梗，上面开放黄白色的小花。花落后，结下豌豆般大小的黑色果实。

"樟树也有好多种类，叶片大些厚些，气味难闻的是臭樟，油多脑少；叶片又小又薄，气味清香的叫香樟，脑多油少。香樟里面，还可分红樟、青樟两种。红樟，叶柄红色，叶片圆而小，初发的嫩叶是红色的；青樟，叶柄青色，嫩叶也是青色，生长快，能耐寒冷。就含樟脑的分量讲，还是红樟比较多些。

"樟树也是我国特产树木的一种，产在福建、台湾、浙江、江西等省。性喜温暖的气候，和湿润、肥沃的土壤。最适于生长的地方，是向南的山谷或受温润海风的平地。樟树生长极快，两年生的高二三尺。在四五十年之前，每年干部周围，可增加一寸。因此高达十四五丈，干围四五丈的老树，在产樟树的地方都可看到。"

吉儿问："樟树怎样繁殖的呢?"

母亲说："樟树多用种子繁殖。冬天采收成熟的果实，混入细砂，埋藏在泥土里。到了明春三四月里，就可播种在苗床上。播种方式，撒播、条播都可以，但不要太密，免得苗木根部互相缠绕，掘苗时会发生困难。大约一亩大的苗床，要用干燥的果实四斤。条播的，每条相隔一二尺，每隔二三分，放下果实一粒。播种的深度，大约二三分。播好后，还要盖上草，以防土壤干燥。这时要注意灌溉，等到发了芽，除去盖草，并在夏季，除草几次。在比较寒冷的地方，秋后要搭芦棚避寒，到明春发芽时除去。满一年的苗，干高八寸到一尺五寸。梅雨时期，新芽生长二三寸，就要掘起，再种疏一些。经好好培养一年，满两年生的苗，可以移植到林地上去。"

吉儿问："樟树林是怎样造的?"

母亲说："樟树林可分矮生林和大树林两种。矮生林是苗木种植后三四年，便采伐制脑。也有根刈法和干刈法两种，现在先把根刈法讲一讲。林地分作两区，初年在第一区种苗；次年种第二区。各区里面，每六方尺，种樟苗两株至六株。到了第五年，第一区的樟树，在离地面三寸处刈割，用它的枝叶制造樟脑。第二年就刈割第二区。再经三年，就是植苗后的第八年，第一区及第二区又可换次刈割了。刈割的时期，晚秋最好。

"大树林也有单纯林和混植林两种。单纯林，樟树苗要和其他树混植，仿佛在保护林下面生长的。因为幼小的樟苗，受不住冰霜的迫害，仿佛是其他树在保护林下面生长的樟树苗。保护树要算小松树最好，成长快，容易栽培，而且保持温度的能力，也比别种树木大。在种植樟苗之前的三四年，先在林地上造成松林。到了要种樟苗时，布置好要种的位置，砍去多余的松树。樟苗种好后，倘有枝梢和樟树交错的松树，也要随时砍去。到樟树高六七尺，不需要松林保护的时候，就可全部砍去，让樟树单独生长，成为单纯林。采伐松树的时期，从小暑到立秋节之间最为适当，可使樟树不至骤然感受寒气。如在温暖地方，冬天没有霜雪的，也可以不用保护林。

"混植林，是樟树和阔叶树混植的。因为樟树容易火烧，单纯林也有危险。每种一株樟苗，周围种栎树六株。栎树的采伐期是十年，樟的采伐期是一百五十年。起初樟和栎平行生长，到枝梢交错，互相竞争时，可将栎树砍去，留下残株，利用萌发的新芽，再成新林。这样反复砍伐栎树，经过六七十年，到樟树结荫已密，栎树生长力衰退，不能抽伸新芽的时候，便成樟树的单纯林了。"

吉儿问："樟树是不是各部分都可以提炼樟脑的？"

母亲说："是的，各部分都有脑的成分，不过多少不同。通常是根部最多，其次是干、大枝和叶，最少的是细枝。而且含脑多少，又因气候而异，普通樟树，夏季脑少油多，冬季脑多油少。所以要得多量樟脑，必定要到冬季提炼。"

吉儿问："樟脑有什么用处呢？"

母亲说："樟脑最普通的用处，便是驱虫，像毛织品的衣服极易生虫，放点樟脑在箱子里，就可避免。用樟木板做成衣箱书橱，可以防止生虫。此外还可作为防臭剂、防腐剂、兴奋剂等用途。工业方面需求也很大，像假象牙、无烟火药、化妆品等，都要用樟脑做原料的。光就我国台湾讲，每年出产五百万斤。所以樟树是我国'世界第一'的五大森林树木之一。"

吉儿问："什么叫'世界第一'的五大森林树木？"

母亲说："全世界产量中，我国占第一位的特产植物很多。光就森林树木讲，也有五种，便是竹、油桐、杉、漆和现在讲的樟树。"

鱼藤

春雨连绵，校园里的桃树上长满了虱子般的绿色小虫，弄得树叶都卷起来了。有人提议"大家动手来捉"。其实哪里捉得光！

第二天，吉儿吃了中饭，到校不久，只见农业张老师拿着喷雾器，向桃树上喷射药液，杀灭害虫。吉儿看了一会儿，便开口问道："张老师，你喷的是什么药呀？"

张老师笑着说："用的是国产名药，价廉物美。过一会儿上农业课时，再详细讲给你听！"

等到上课，张老师拿了几幅图画，笑眯眯地走进来，开头便说："今天我们来讲讲防除害虫用的药剂吧！我们用的除虫药剂大致可分两大类，像硫酸铜、砷酸铅、硫黄等都属于无机性的，像除虫菊、烟精等都属于有机性的。最近杀虫药剂的制造多用有毒植物做原料，因为这种有机的毒剂，不但有很大的杀虫功效，而且对于植物本身没有药害，有时还能促进植物生长，而且毒素分解很快，不会毒害人畜。至于有毒植物中，现在应用最广、效力最大的，要算除虫菊和鱼藤了。鱼藤原产在热带地方，我国广东一带也有。早在公元 1765 年，清代赵学敏先生编《本草纲目拾遗》时，就说到有一种雷公藤，土名叫雷藤，立夏时发苗，当时有人采它来毒鱼，将蚌螺等也一同毒死了。这种雷公藤，就是现在讲的鱼藤。后来广东的农民，以及新加坡的华侨用这种鱼藤，来杀死蔬菜上的害虫，这就是鱼藤作杀虫药用的开始。"

"那么鱼藤的形态怎样？在分类上的地位怎样？"有一个学生站起来问了。

老师说："鱼藤是豆科，台利斯（Derris）属的植物，[①]一共有四十多种，含毒分量多、可以利用的，不过只有几种。就一般形态讲，多是蔓生的灌木，有时也能直立。长着奇数羽状复叶，有长长的柄。小叶数多少不一，因品种而不同，少的三片，多的九片。小叶带革质，呈倒卵形或长椭圆形，叶背带粉白色，略有绒毛。夏天从叶腋抽伸串状或圆锥状的花序，许多花密密地集在上面。花和别的豆科植物相像，是蝶形花冠，旗瓣格外广阔，颜色有红、白、紫等，非常好看，但没有现黄色的。花落后，便会结一个荚果，壳坚硬，成熟后也不开裂。果的上部缝隙生着两片薄翅，可以帮助种子传播，和松树、枫树的翅果，有同样的作用。根部是由一个肥大的主根，分成许多分根，还附着大型的根瘤，而且有香味。如果将它捣烂，气味弥漫，鼻子就闻得很难受。它的有毒成分都在根部，是杀虫的主要原料部分。"

讲到这里，老师便把两张鱼藤形态图挂起来，让大家看得格外清楚些。

接着又说："那么鱼藤根里究竟含着什么东西，能够毒鱼杀

---

① 鱼藤：豆科鱼藤属的植物。（编者注）

虫呢？这种要素叫作罗丹农（Rotenone）[①]，是一种无色无臭、呈六角板状或针状的结晶体。分子公式是 $C_{23}H_{22}O_6$。能够溶解在醚、醇、酮等有机溶液中，但不溶于无机酸类、碱性溶液及水。鱼藤根通常含罗丹农 3% ～ 7%。在晒干的根里，罗丹农的性质是固定不变的，但碰到水、钾或放在潮湿的空气里，就会逐渐分解。所以用肥皂配成的罗丹农乳状剂，是不能久放的。"

老师又说："杀虫药，按功效来分，一共有三类，便是中毒剂、接触剂、驱除剂三类。罗丹农有很强的毒性。害虫把喷射在作物上的溶液吃了下去，便起中毒状态，呼吸、循环、神经各系统，都会被麻痹，不久就会死亡。罗丹农还有一部分接触作用，像蚜虫、尺蠖等软体害虫，一接触罗丹农溶液，神经便被麻痹，来不及吞食，便已中毒死去了。

"至于鱼藤杀虫剂怎样配制呢，现在也简单地讲一讲！乳剂，配方是这样的，将鱼藤根浸在水里，捣烂，榨出白汁，加入肥皂水。大概白汁一份，可配肥皂液一万五千到两万份。再混入相当分量的煤油，用力搅匀，使其成乳状，就可以用了。这种乳剂，主治一切蚜虫、毛虫、甲虫幼虫及其他总翅虫类。罗丹农毒性虽强，但对于植物的枝叶嫩芽，不会有任何伤害。粉剂的配方，是用化学方法，从鱼藤根里提出纯度较高的罗丹农，再和硅藻土（俗名观音粉）研细拌匀。罗丹农的用量是百分之一至百分之二。粉剂主治有吮吸口器的软体害虫，以及甘蓝食叶虫、豆类害虫。

[①] 罗丹农（Rotenone）：现称作"鱼藤酮"。（编者注）

水液悬乳剂的制造方法是，先把结晶体的罗丹农溶解在酮里，分量是酮 100 立方厘米，罗丹农 4 克。等到罗丹农完全溶解后，再加大量的水，普通一份溶液加二万份水，搅匀后便成一种极好的悬乳剂。如果要杀甲壳虫等，可把浓度增高。

"最后，还要把鱼藤的栽培情形讲一讲。鱼藤原是山间野生的植物，自从杀虫的功效被发现后，需求便增加了，南洋群岛[①]以及台湾、广东（琼州）现在都在种植。

"繁殖的方法有播种、扦插两种。普通多用扦插法。先搞好一块苗床，再向母株蔓茎上剪取一年生强健的苗，长五六寸，带着一两个芽，斜斜地插进土中，上面盖土，露出上芽。各苗株间的间距为五六寸，行距一尺。在扦插后一星期内，要充分灌水，上面铺草防旱，成活率在 80% 以上。扦插在春秋两季都可以。到幼苗茎长到一尺左右，就可移植本田，这时要断根剪叶。在田里要先筑成高畦，畦阔三四尺，各株相距一尺五寸到二尺。生长期间，管理比较简单，中耕除草一两次。为了防止发生不定根，要翻蔓二次。定植六个月前后，施用补肥一次，像堆肥、人粪尿、硫酸铵等，都是适用的肥料。鱼藤定植后，经过十八个月到二十四个月，就可收获了，最好在七八月高温时期。挖掘根部时，要注意勿使其受伤。收获来的根部，可晒干贮藏，等候出售。"

讲到这里，铃声一响，张老师便匆匆下课走了。

---

① 南洋群岛：现称作"马来群岛"。（编者注）

橡皮树

吉儿因为上图画课时要用橡皮，便到文具店里买了一块红色的。回家后，便向母亲问道："橡皮是不是大象的皮做成的？白象、黑象之外，难道还有什么红象吗？为什么我今天买来的橡皮是红色的呢？"

母亲说："你买来的橡皮，虽然又柔又韧，好像厚厚的皮质，其实并非从象身上剥下来的皮，而是由一种植物的汁液做成的。"

吉儿问："这叫什么树呢？"

母亲说："这就叫作橡皮树。橡皮树的种类很多，最著名的是巴西橡皮树，这是一种属于双子叶离瓣花类大戟科的植物。原产南美洲巴西，一八七六年，移到英国伦敦郊外的植物园；同时一部分又移到印度、锡兰①种植。现在要算马来亚②和南洋群岛种的最多。最近我国广东省的琼崖岛③上也有栽培，取得了很好的成绩。全世界每年产橡胶六万五千吨，其中有四万五千吨是这种橡皮树产出的。此外，还有印度橡皮树，是桑科无花

① 锡兰：今斯里兰卡。（编者注）
② 马来亚：今马来半岛。（编者注）
③ 琼崖岛：即海南岛。（编者注）

果属的植物，印度原产，种的地方不多。"

吉儿问："巴西橡皮树，既然我国的琼崖也在种植，并且已有成绩，对于我国建设方面，一定有很多的作用。你且讲讲它的形态吧！"

母亲说："这种树是美丽的乔木，高六七丈。叶是由三片小叶合成的复叶，所以又叫三叶橡皮树。小叶椭圆形，每片复叶有长柄，交互着生在枝条上。花小，单性，没有花冠，萼片黄绿色，集成圆锥形花序。橡皮树是热带植物，所以喜欢气候温暖，终年没有霜雪的地方。土质最好是沙质壤土，或者稍带黏性的沙砾土。"

吉儿问："那么巴西橡皮树是怎样种植的？"

母亲说："过去是用种子繁殖的。先把种子播在苗床上，上面搭棚盖覆，并且适量地灌水。发芽后，可把棚拆去，此后就要注意除草施肥。大约到一年后，高达六尺左右，就可移植了。移植期不论春季秋季都可以，最好在雨后泥土湿润时移植。移植时，掘深宽各一尺的穴，把苗种入，覆土，再用脚踏实。株距普通是一丈三尺左右。"

吉儿问："此外还有什么繁殖法呢？"

母亲说："因为有性繁殖的结果，导致橡皮树逐渐退化，橡树园里，多产的品种少，少产的品种多。所以印度尼西亚，便用芽接方法，育成苗木，进行无性繁殖，结果产量增加了。现在芽接树的栽培面积逐年增长。

"种植橡皮树，在南洋群岛方面，有'树下寸草不留'的习惯。可是光光的地面，受着雨水的冲洗，养分容易流失，土壤的肥力会慢慢减少，橡皮树也会容易衰老。因此，最好在树下留些杂草，反而能保持土壤的肥沃度，这一点是值得注意的。此外，每年要施肥一两次。肥料可用油粕类和草木灰。长大的树，还要用盐做肥料。橡皮树生长五六年后，就可割采橡汁了。"

吉儿问："橡汁是怎样采集的呢?"

母亲说："橡皮树的割采要诀，是要将发育的影响减到最轻，并且继续获得最大的生产。割采方式，从前是用鱼骨式，就是在树干的半面上，离地四五尺高处，左右各划五六条采集线，每天采集液汁。第二年再在背面，同样划线采集。这样，两年间在树干上绕转一周，结果损害了树木的健康，树皮愈合不好，因而生产量也逐渐减少。此外就是 V 字形割划法，要经五六年才在树皮上绕一周，树皮的愈合情形好，产量随着树龄而增加，所以这种采集法，已被大部分地方采用了。

"从前是每天采集一次的，后来发现不论每天采集，或隔天采集，单位面积上的年产量，大致相等，所以已经没有人再去每天采集了。最近还有人提倡，把全园分做甲、乙、丙三等分，先采集甲、乙两区，丙区休养;后来采集乙、丙两区，甲区休养;最后是甲、丙两区采，乙区休养。以半年或一个月为期，挨次轮流，总有三分之一面积，保持休养状态。

"割采时间，在上午六点钟到八九点钟。每人每天可管理三百株左右。割时下部用杯接着，割完停工吃饭。饭后带一铅桶，收集各树的橡乳，回厂制造。到冬季温度降到华氏五十度以下时，要停止割采。"

吉儿问："这样收集来的橡乳，怎样做成我们日常用的橡皮呢？"

母亲说："橡皮因制造方法的不同，可分为三大类：烟熏橡胶、绉纹橡胶、混合橡胶。现在且把我国琼崖岛烟熏橡胶的制法讲一讲，把每天十点钟收集来的橡乳，先用细密的铜筛，滤去杂物，加入醋酸或白矾水（煤油也可以），把原有的碱性中和到微显酸性为度。再倒入长方形的瓷盘或木盘中，使它凝固。到了第二天早晨，倒去盘内的清水，拿橡胶块，略晒一会儿，除去水分，用压榨机碾薄，又移到另一种压花机上，压出四边形的凹凸花纹，防止日后包装时有容易黏着的毛病。等到水分减少，就移进烘焙室去熏烟。烘焙室面积约一方丈①，地面装炉烧火，使其产生微烟，来熏挂在室内竹竿上的橡胶块。经过三四星期，就可取出，装运出售，作为各种橡胶制品的原料。"

吉儿再问："我的橡皮套鞋也是橡皮做的吧？"

母亲说："做套鞋的原料，是用最上等的绉纹橡胶，几层合着，经机器压平后才能出运。"

母亲又接着说："橡胶制品的种类真是多到数不清。像汽车、脚踏车上的橡皮轮，以及橡皮管、橡皮板、运动器具，机械上的皮带、皮圈、套鞋、胶鞋、雨衣等都是。我国正在建设

---

① 方丈：即平方丈。（编者注）

时期，需要的橡胶更多，不能光靠国外运来。现在除琼崖等地推广外，还有许多专家正在寻找适于温带生长的橡皮树。苏联气候寒冷，不能种植橡皮树。他们需要的橡胶，是由许多橡胶草供给的。最近看到各方面的报道说，我们现在也已经开始种植和利用橡胶草了。"

油桐

天气热起来，吉儿家里新添了一只椭圆形洗澡用的大木盆。隔了一天，吉儿看见母亲拿了一罐油在浴盆上涂，便问："这是什么油？为什么要涂在浴盆上？"

母亲说："这是桐油，涂了可以防腐，耐用些呀！"

吉儿问："桐油？那么是梧桐子里榨出来的油吧！我们学校里，有许多梧桐树，一到秋天，便可在地上拾得调羹形的叶片，边上缀着四五粒圆形的种子。很好吃呢！里面含着油质的东西。"

母亲说："桐油并不是从梧桐子里榨出来的，是从油桐的种子里压榨出来的。"

吉儿问："油桐究竟是怎样的植物，和梧桐有哪些不同？"

母亲说："油桐是双子叶植物，大戟科油桐属的植物，和别种大戟科植物一样，茎叶里面，含有白色的乳液。它是喜欢阳光的落叶乔木，树皮灰褐色，起初光滑，老了便会开裂。茎上长着互生的叶，叶柄很长。每年三四月里开花，成圆锥状聚伞花序，或伞房花序，雌花居中，雄花环绕，也有雌雄异株的。每朵花上有萼两片到三片，互相接合。雄花有五片花瓣，雌花有六到八片花瓣。雄蕊八到十二根，子房上位，内部分成二至五室，各室都有一个胚珠。果实形状，因品种而不同，有的像苹果，有的像柿饼，有的像桃子。外面是一层厚厚的肉质外果皮，里面是骨质的内果皮，好像核果。有三粒到五粒种子，种子有厚壳状的种皮，灰褐色。连带种皮的种子，普通叫桐乌。仁是白色的，呈广卵形或三角状卵形，含着许多油质种仁，一般叫桐白。

"梧桐是离瓣花群锦葵类梧桐科的植物。虽和油桐同是落叶性的乔木，但梧桐大的可高到五六丈，周围五尺多，油桐最大不过三丈高，周围也不会超过二三尺。两者叶片，都有长柄，但梧桐是对生，油桐是互生。梧桐在夏天开花，呈圆锥形花序，花小，萼五裂，黄色，向后卷作一团，无花瓣，雌雄同花。结下果实，好像青辣茄一样，一串串挂在枝头。成熟后，沿着直缝分裂，张开成调羹状，边上有四五粒种子。所以油桐和梧桐是科属完全不同的两种植物。"

吉儿问："油桐是自然在山中生长的呢？还是人工栽培的？有多少种类？"

母亲说："油桐原是我国山中野生的，从什么年代起开始采子榨油，已经无法考查了。最早的记载，要从六百多年前算起，元朝时，意大利人马可·波罗到我国游玩，在他的游记里有这样的记载：中国人用桐油拌石灰和碎麻，修补船隙。可见我们的祖先利用桐油，比他看到的还早。到明朝初年，曾由朝廷提倡种油桐，在南京朝阳门外的钟山上，种了几十万株。后来各地荒山，也都种起油桐来。到一九三五年，在出口物品中，桐油就已经位居首位，成为我国最重要的特产之一。

"油桐的种类，大致可分作三年桐、千年桐和日本油桐三种。三年桐树高不过二丈，果实较小，每三四颗到十多颗，丛生在一条梗上。果梗较长，下垂。种植后第三年就能开花结果，但通常多在第四年留花收果，所以叫作三年桐。寿命平均不过二十五年，生长十五年以后产量下降，多被农家砍去。千年桐，即木油桐，高达二三丈以上，枝条密生，叶阔卵形或心脏形，三裂到五裂，叶柄长，紫红色，多雌雄异株，偶然有雌雄同株的。雄花序每条有二三十朵到八九十朵花；雌花序有二三朵到十多朵。果实是卵形或苹果形，外皮有皱纹，所以又叫皱桐、龟背桐。日本油桐又叫日本罂子桐，因油桐种子的形状似罂而得名。果实呈扁圆形，叶有三尖或四五尖，产油很少。"

吉儿问："油桐树是怎样种植的呢？"

母亲说："先开好山地，依纵横相距六七尺的标准，开掘深六七寸、径一尺的穴，再把前年选好的种子，每穴二三粒播下去，盖好土，经过三四星期，就发芽了。到苗长到四五寸时，再施稀薄的肥料一回。当年夏季，苗长一尺多，便要删苗，每穴留苗一株。此后注意除草施肥，再过两三年，桐林便造成了。此外还有移植、扦插等繁殖方法，但手续都不及播种简单。

"培养桐林，还要注意疏伐和防护。疏伐便是选择雄株将其砍去，但也要留下几株，以供给花粉，比例是十株雌树留一两株雄树。雄树细而长，雌树低而矮，是可以看出来的。疏伐又有伐枝的意义，过密的和扩张太大的枝条，都可沿基部或在中部切断。断口要平滑，上涂石灰，免得腐烂。防护是防止风灾、火灾和崩塌等灾难。

"安徽南部祁门一带的农民，山开好后，把玉蜀黍和油桐按适当的距离，一行行播种，同时再把杉树苗插下，第一年让三种作物，同时生育。第二年玉蜀黍要少种些，注意培育树苗。第三年起不种玉蜀黍，油桐已经有一部分收获。以后油桐产量，逐年增加，过十几年后，便把油桐砍去，变成一座杉树林了。再过五六年，杉树也可采伐。这是一种最经济的混植林。"

吉儿问："油桐树有些什么用处？"

母亲说："油桐树的用处多得很呢！其木材柔软轻松，又没有边材、心材的区分。可做箱板、器具，或充当燃料。树皮含的鞣酸很多，提取出来可做染料。在四川嘉定峨眉一带，多用桐叶放养白蜡虫。桐果壳可做活性炭，是防毒面具里重要的吸收剂。桐籽烧灰和桐粕，都可做肥料。搀入纸浆，又是造纸的原料。油桐树主要的效用，还是由种仁榨出来的桐油，就是今天我买来涂浴盆的东西。

"桐油的用处很多，主要的是油漆制造工业用。像飞机油漆、电绝缘油漆、珐琅油漆、火酒亮漆、防水亮漆等。因为桐油有五个优点：一易干，二质轻，三耐热、耐水及防止酸性、碱性的腐蚀，四不传电，五色泽光亮美丽。近二十多年来油漆工业界里，多采用桐油做原料。其次是国防军需工业。我国液体燃料，像汽油、柴油等，产量不多，向来从国外进口。抗战时期，曾经发生问题，后来从桐油里提炼汽油、柴油，工程师张世纲试制桐油汽车成功，解决了很多困难。此外车辆、船舰、飞机以及海底电线等，都需要桐油。在化学工业方面，用桐油做原料的，有八百多种，像漆布、人造皮革、印刷油墨、油毡、假橡皮等都是。日常用具制造上需要桐油涂抹的更多，像纸伞、油纸、雨衣、油布、油墨、肥皂以及器具房屋上的油漆，还可做杀虫剂、催吐剂等，供医药上用。"

吉儿说："这样说来，桐油的用处真大啊！但是我国每年能出产多少呢？运到国外去的又有多少呢？"

母亲说："我国除东北几省外，各地都种油桐，长江流域的格外多。大约估计，每年可产三百万担①。四川最多，湖南次之；浙江、湖北、广西、贵州又次之；安徽、陕西、江西、福建、广东、河南、云南等省也有少量出产。桐油出口，是从一八九六年开始，那时数量不多。一九一二年到一九一三年，输出数量很平稳，每年约六七十万担，到了一九二三年，增加到八十三万担。一九三六年增加到一百五十三万担，占了全国对外输出物总值的首位。所以油桐树是我国的特产植物，不论从哪一方面看来，都该努力提倡，大量种植的。"

①担：中国传统计量单位。1担等于50千克。（编者注）

盐肤木

　　吉儿收拾书包准备上学去的时候，看见母亲一手拿着几件旧衣服，一手拿着一个纸包，走到天井里，先把纸包解开，里面全是蓝色染料。她一面把染料放在碗里，用热水冲，不久便成一碗蓝水了，一面又把旧衣服在木盆里用热水浸湿。吉儿忙问："你在做什么？"

　　母亲说："我打算把旧衣服染蓝。这是硫化青，我国从前染衣服、布疋 ①，是用五倍子和靛青的，不会褪色，就算衣服洗破了，色彩还是鲜艳如新。后来大家用洋靛，最近又多用硫化青、硫化元等新染料。"

　　吉儿听得好生奇怪，什么叫五倍子？什么叫靛青？既然不褪色，为什么大家都不用了。正待开口要问，母亲说："快上学去吧，回来时再讲给你听。"

　　吃了晚饭，母亲坐着喝茶，吉儿几次三番地催促她讲五倍子的故事。

　　母亲想了一想，便说："让我先来介绍一种山野自生的落叶小乔木吧！这种树名叫盐肤木，是双子叶植物，离瓣花类，漆

----

　　① 布疋：即布匹。（编者注）

树科漆树属的植物①，我国长江南北各省，荒野山谷间，都有它的存在。树高一二丈。叶是单数的羽状复叶，有一尺多长。中轴有翼，小叶四对到十一对，没有柄，长约二三寸，呈长卵形。叶缘有粗锯齿，叶面绿色，有细毛，叶背淡青色，有毛密生，一到深秋，整张叶片都会变成淡红色。夏天，枝梢抽伸圆锥形花序，花小，雌雄异株，雄花有五根雄蕊，雌花有一根雌蕊，花瓣五片，绿白色。花后结小核果，形状扁圆，密生白色或紫色短毛。果实生时青色，熟后呈微紫色。核淡绿，成肾脏形。核外包一层薄皮，上面又有薄薄的一层盐，所以叫它盐肤木，还有天盐、木盐、盐梅子、盐麸木等名称。"

吉儿听得很有趣，忙说："树木上会生盐，倒是怪事，那么除海盐、池盐、岩盐、井盐之外，又多了一种木盐了！"

母亲说："这种盐也许是由小虫分泌，附在果实上的。因为到结果实时，有许多小虫在树上繁殖。这时，树叶上会长起气泡状的瘤块。因为小虫寄生在叶上，吸收液汁，一部分细胞受了刺激，不正常的分裂，就造成了瘤块状的虫瘿。这种瘤块，叫作五倍子，又叫五焙子或桔子。从前是染黑色的主要染料。染青蓝色时，也要用五倍子做底料，再混合靛青等染料。此外鞣制皮革也要用它，所以销路极大。后来洋靛青输入我国，日本又发明了硫化青，五倍子的用量便逐年减少了。"

吉儿问："五倍子染料，既然不会褪色，不是和阴丹士林一

---

① 盐肤木：现写作"盐麸木"，漆树科盐麸木属的植物。（编者注）

样吗？我国不是在几千年之前已经有了功效和阴丹士林相仿的染料吗？为什么连自己都不用了呢？"

母亲说："五倍子、靛青等，有不褪色的好处，不过染的时候，过程极繁。染一块布，至少要十天，既费人工，又耗时间，不及洋靛简便。所以各地染坊，多用洋靛或硫化青代替五倍子、靛青。后来德国发明用五倍子来做黑色染料，销路又重新好起来，到一九二九年，输出额已经到八万四千多担了。前面讲过，五倍子可以鞣制皮革，我国制革工业，正在逐年兴旺，五倍子的需要也在逐年增加呢！"

吉儿问："那么五倍子的生产情况怎样？"

母亲说："五倍子的出产，向来以云南、贵州、四川、陕西、湖南、湖北等省为主。不过大家只知采集，对树木不加保护，盐肤木逐渐减少，五倍子的产量也减少了。据说贵州省里的农民，有人工种植盐肤木的。"

"盐肤木怎样种植呢？"吉儿问。

母亲说："盐肤木的种子，平均每升重十一两，有两万多粒。干燥的种子，播种后要两年或两年以上才会发芽。树苗生长极快，第一年干高一二尺，到五六年干高一丈多，周围有一尺左右。可是最大的，也不过三丈多高，周围三四尺。通常用植苗造林法，三月中旬播种，用条播法，每厘面积的苗床，大约播种二合，经过六星期发芽。一年生苗，高二三尺。每亩苗圃可产苗木八万株。贵州捧植盐肤木，多不设苗圃培苗，只掘取荒野山中自然生长的苗木来种。移植期在二三月里。根据贵州遵义县①农民的经验，移植最好在二月中旬，其次是在下旬。如果到三月里才移植，十株里面只能活六七株。"

母亲又接下去说："此外盐肤木还有些用处呢！这种树的边材很狭，呈污白色，心材带浊黄色。材质轻软，刨削锯切都不容易，只能供箱板用。树皮可做染料，种子可榨蜡，不过粒小蜡少，不大有人去采集。所以种植的主要目的，便是繁殖五倍子。"

①遵义县：今贵州省遵义市。(编者注)

漆树

吉儿近来忙起来了，要编写黑板报，又要去识字班里教书。今天星期天，便抽空陪祥姊到野外去采集植物标本。

他们在离城不远的地方，看见一丛古怪的树林，叶子是羽状复叶奇数的。小叶七到十一片，呈卵状椭圆形，前端稍尖。叶面全是鲜红色，叶背是黄色，映在澄碧的天空下，分外鲜艳美丽。灰白色的树皮，划着许多 V 字形的伤痕，排得相当整齐。还有紫黑色的干燥树汁像血痕般附在树皮上，一条一条的。枝梢上的叶腋间，还有葡萄般一串串的果实。

吉儿看到不肯走开，忙问："这是什么树？为什么树干上划着许多伤痕？"

祥姊说："这叫漆树。是双子叶植物，离瓣花类，无患子目漆树科漆属的植物。漆树科的主要特征是，雄蕊是花被的倍数或同数，偶然会或多或少。花托有种种形状，有子房在萼片上面的，也有在下面的。心皮多是一片到三片连合而成，偶然有五片的。每室各有一个悬垂或向上的弯曲胚珠。每粒胚珠，都有两张珠皮。果实是核果，中果皮富含树脂，缺少营养组织，胚往往弯曲扁平。是木本植物，叶子呈螺旋状，着生在枝条上，偶然有轮生的。叶片有单叶，或奇数羽状复叶或三叶。平时绿色，遇到霜便现红色。花整齐，两性或单性。多数小花集成圆锥形花序。有的有树脂道，含白色的液汁，一共五百多种，分布在温带和亚热带。"

吉儿说："那么我们来检查一下眼前这棵漆树，看它特征是否跟你说的相同，木本，奇数羽状复叶，螺旋状互生，圆锥状花序生在叶腋，果实是扁平肾脏形的核果，一切都对。此外还有些什么呢？"

祥姊说："漆树是在夏天开小黄花的，雌花、雄花生在各自的树上，所以有雄株、雌株的分别。雄花有五裂的萼，花瓣和雄蕊都是五个，有黄色的药，中央有退化的子房，在萼片的上面。雌花的萼和花瓣，与雄花同，有一个雌蕊，心皮是由三片合成。子房只一室结实。"

祥姊一面讲一面采下一粒果实，解剖给吉儿看，一面说："你看！这是外果皮，平滑，灰黄色，里面是中果皮，含着很多的蜡质，内果皮坚硬，黄褐色。"

吉儿又问："树干上划着许多伤痕的问题，你还不曾回答呢！"

祥姊说："我不是说过吗，漆树的枝干里，有许多树脂道，含着白色的汁液。这种汁液碰到空气就会变成黑色，叫作漆。漆的采集、制炼和使用的方法，是我们祖先在几千年前发明的。现在我们用的器具，多数都会涂上一层漆，既可防湿耐用，又光滑美观。人们种植漆树的主要目的，就是为了获取这种汁液。树干上的伤痕，是采漆时划破的。"

吉儿听得很开心，又问道："漆液是怎样采的？你讲个大概吧！"

祥姊说："漆苗种植后，从四五年到十二年，干部粗到六寸以上，便可开始采漆。继续采漆七八年，树就衰老，不能再采了。采漆的季节，要在树液流动最旺盛的时候，在五六月到十一月，其中从七月中旬到十月中旬三个月间，采得漆液最多。

"采漆之前，用刮刀在树干周围，刻画几个漏斗形 V 字一般的伤痕，痕深二三分，阔三分到五分，再在漏斗形的尖角点，插进贝壳或斜削的竹筒，接收自伤痕中流出来的漆液。每隔三四天采集一次，用刷子取出，集中在桐木制的圆筒内。多在清晨进行。

"漆树的叶是细细长长的。树皮粗厚的品种流出来的漆液多；叶圆皮薄的品种流出来的漆比较少。雨天或阴天流出来的漆液，水分多，品质也不好。如果遇到接连几天炎热，漆液浓稠得像油一般，量少质好。所以随着采集时期的不同，有种种名称，从小满到夏至所采的，品质中等，叫作霉漆；从小暑到大暑所采的，品质顶好，叫伏漆；从立秋到白露所采的，品质最低，叫秋漆。"

吉儿问："这样采集的漆液怎样用呢？"

祥姊说："从树上采集的漆液，叫作生漆，含着漆酸、橡胶质、油质、水分、蛋白质及含氮物等。凡是漆酸多、水分少的是上等品质，而漆酸少、水分多的，品质就低劣。

"我们漆器具用的，多是熟漆，是由生漆精制而成的。先把生漆放在木质或陶质的擂钵中，用擂锤搅拌几小时，使它黏稠质密，再装在浅盆中，曝晒在日光下蒸散水分。也有把生漆盛在椭圆浅盆中，上面加一只满盛炽红炭的铁盆，用火力来蒸散水分，到水分减少到相当程度，便混入菜油、桐油和杂物。因种类和分量的不同，可以做成各种熟漆。大概情形是这样：一普通熟漆，制造时要加油一成到四成，有红坯漆、白坯漆、金漆等；二黑漆，除加油外，再加铁粉、木醋等；三朱红漆，除加油外，再加雄黄一成至四成，或加银朱一成至二成；四透明漆，又叫推光漆，制造时除加油外，再加饴糖或其他树脂等。"

吉儿问："那么果实里的蜡质，有没有用处呢？"

祥姊说："漆树果实是可以制蜡的。在十一月初旬，用镰刀割下，晒干后贮藏。制蜡时，先把果实在水里浸一昼夜，除去污物，捞起后，摊在席上，等到干燥后，用梿枷①把果实打落，放入臼中，捣成粉末，筛去子核，装入麻袋，上甑蒸热，再用器械榨出蜡来，这叫滴蜡。再把这蜡打碎入锅，用低火加温，一面搅拌，使它熔化，然后再放进布袋里过滤，在浅箱里冷却，就成魂蜡了。漆果四斤，约可得蜡一斤。种子还可榨油点灯，种子六斤可榨油约两斤。

"漆树在我国分布很广。最著名的产漆地方，是陕西、湖北、四川、贵州、安徽、浙江六省。"

祥姊说到这里，便采了漆树的枝叶和果实标本，和吉儿向前面走去。

---

①梿枷：脱粒用的农具。由一个长柄和一组平排的竹条或木板构成，用来拍打谷物，使籽粒掉下来。（编者注）

茶树

　　吉儿跟着父亲，为参观上海市土产展览交流大会，特地到上海来。第二天两人一同搭上电车，到了南京西路，从会场的第二号门进去，往右边走，参观了水果蔬菜馆、药物馆、林业馆，不必细说。最后到烟茶馆，吉儿的父亲是很爱喝茶的，所以在茶叶部里，看得特别仔细。那边有绿茶和花茶的样品，是那么翠绿芳香，接着看到用一块块青砖茶堆叠起来的一座"万里长城"，表示我国出产的砖茶有这么多，可以供给边疆兄弟民族和友邦。再走过去，便可看到全国各地出产的红茶样品，并且用巨幅图表，说明华东区一九五一年的红茶，要比一九五〇年多百分之一百五十。此外还陈列着各式各样的制茶机器，因为要用机器制茶，工作效率才能提高，减低生产成本，指出了我国制茶业的远景。

　　走出烟茶馆，两人便到冷饮亭里去吃冰激凌了。吉儿提出问题："红茶、绿茶是不是由红茶树和绿茶树的叶子做成的？"

　　父亲笑着说："这也不怪你，从前有些植物学专家，都是这样想的呢！其实并没有什么红茶树、绿茶树，同样的鲜叶，可以做成红茶，也可以做成绿茶，是制法的不同，并非茶树品种不同。"

吉儿又问："那么茶树究竟是怎样的植物？我们园里有一棵开红花的山茶，就是茶树吗？"

父亲说："茶树是双子叶植物，离瓣花类，山茶科的常绿灌木。我们园里的山茶，正是茶树的堂房兄弟。茶树的主根，比较粗肥，深深地伸向地下，普通有几尺深，有时到一丈以上，所以能吸收地下的水，不会因干旱而枯死。枝根多在地面下五六寸的地方，也分许多细根。枝干丛生，高五六尺。叶片深绿色，卵圆形的居多，边缘有锯齿，叶脉发达，叶面上造成许多隆起。每年夏天，叶腋着生花芽，自九月下旬到十一月开花。花通常有五片萼，花瓣白色，六至八片。雄蕊有一百八十至二百四十条，雌蕊一根，柱头三裂，子房三室。果实有圆形、枕形、三角形、四方形和梅花形等各种形状，里面含着一粒到五粒种子。到了下年秋末，果实成熟，果皮自然开裂，种子脱落。这种果实，叫作蒴果。"

吉儿又问："做茶叶的嫩叶，是什么时候采摘的？"

父亲说："像我们江南地区，到了四月中旬，茶树便抽伸新梢，这叫春茶。到一芽二叶或三叶，下面还有一片或两片鱼叶时，便可把一芽二叶、三叶摘下，留着鱼叶。到了六月上旬，鱼叶的叶腋，又抽伸了新梢，叫作夏茶，又可依着一芽二、三叶的标准采摘，制成茶叶。到了八月上旬，秋梢又伸出来了。这是秋茶，又叫白露。为了顾到茶树的生育和明年的产量，通常是不采的。"

吉儿又问："茶树是怎样的种法？"

父亲说："茶树繁殖法有两种，便是用种子的有性繁殖和用枝条的无性繁殖。播种时要先选定品质好、采叶多的茶丛，做上记号。到果实外皮变成灰色、内皮变成褐色时，把它摘下来，等它自然开裂，再选择那些充实、沉重、大小适中的种子。

"茶树播种的时期，要看当地气候而定，暖地秋播好些，寒地要进行春播。春播的要把选好的种子，埋在泥土里，度过严冬，到明春再播。播种的方法很简单，只在整理好的地上，丛播的掘穴，条播的开沟，放下堆肥、厩肥，再铺一层细土，播下茶籽，盖土。此后注意浇水，勿太干燥，到五六月里，茶苗便可出土。也有先设苗圃培育茶苗，到下年再来移植的。"

吉儿问："什么叫丛播、条播？"

父亲说："丛播是把七八粒种子，放在一个穴里，长成后便是一丛，各丛的距离，四五尺不等。条播是先开一条沟，每隔五六寸，放下两粒茶籽，长大起来便成一条，和花园里洋冬青篱笆很相像。我国的茶区，多用丛播，不过条播便于铗摘，可省人工。

"茶园管理中最重要的是中耕除草，就是掘松土壤，除去杂草的工作。春耕在茶树发芽前，夏耕在春茶采摘后，最早在七八月里，因为可以减少土中水分的蒸发，锄起的杂草容易晒死。所以夏耕比春耕尤为重要，安徽那边有'六月挖金，七月挖银'的茶谚。"

吉儿问："那么茶园里要不要施肥呢？"

父亲说："我国的茶园，多数是不施肥的。如果要增加产量，改进品质，可施用适当的肥料。每年大概施肥四次。第一次在春芽发芽前，叫作催芽肥，用人粪尿或腐熟的豆饼菜饼；第二次在采春茶后；第三次在采夏茶后；第四次在茶芽停止抽伸以前施用，以堆肥、厩肥为主，目的是养成充足的秋芽，增加明年春茶的产量。"

吉儿又问："红茶、绿茶究竟是怎样做的？"

父亲说："采摘来的鲜叶，如果打算做红茶的话，便要把它在日光下面晒一晒，叫作日光萎凋。待柔软到像棉絮，揉着不会折断时，便可进行揉捻。有的用手，有的用机器把茶叶捻出浆汁，卷成条线时，再去发酵。发酵是青叶变红的重要过程，通常把茶条放在篾筐里，上面用半干半湿的布盖着，每隔个把钟头，翻拌一回，经过三五小时，产生一种特有的芳香，叶子多数变成红色时，便可拿去烘焙了。烘焙是用竹制的烘笼，在地炉或铁盆上，用炭火烘干茶叶，这样红茶就做好了。

"绿茶要把鲜叶先在锅里炒一炒，到柔软为止，叫作杀青。杀青后的茶叶，也要经过揉捻，和红茶相同。揉好的茶条，在锅里炒干的，叫作炒青，在烘笼里烘干的，叫作烘青。除红茶、绿茶之外，还有一种半红半青的乌龙茶，是福建、台湾的特产。"

讲到这里，看一看手表，已是十点多钟了。两人便又匆匆地跑进水产馆去了。

人参

这几天，吉儿的母亲很是忧愁，因为七十多岁的老母亲，正害着病，一天天地衰弱下去。

吉儿听二舅父对母亲讲："除非吃野山人参，还有希望。你想我哪里有钱买呢？"便问道："野山人参究竟是什么东西，怎么有这么厉害的效果呢？价钱到底贵到怎样的地步？"

母亲说："你去问二舅父吧！他懂得国药，又去过东北。"

吉儿便缠住二舅父，硬要他讲人参。二舅父虽然满心焦急，但被缠得没法，也就讲了。

二舅父说："人参也是我们祖先发现并使用的药材。两千五六百年前，汉朝人写的一本《神农本草经》里，已经有关于人参的记载。因为那时是采掘树林里野生的，所以叫作野山人参。后来因为北方的森林多被滥伐，只剩东北长白山脉里面，还有许多大的自然林，因此野山人参只在东北产了，叫作关东参。采掘的人一多，野山人参逐渐变少，价钱也贵了，有每条卖到二千两银子的。"

吉儿问："那么别的国家，是不是也有人参出产？"

二舅父连说："有的！

"朝鲜出产的叫高丽参，多种在开城附近，有红参、白参两种，每年能出产二十万斤。枝根粗，品质上等。日本出产的叫东洋参，颜色白，或者稍带黄色，外皮光滑，枝根少，中段肥粗。

"美国出产的叫西洋参，又称花旗参，是另外一种品种，在一七一六年发现的。经过情形是这样的，一七一五年，有一个在中国传教的法国牧师查尔克，写了一篇标题为《关于东方植物人参的记载》的论文，寄到伦敦皇家学会去发表。这时在加拿大传教的法国牧师拉飞脱看到这论文，心想：说不定加拿大的森林中，也有野生人参。经过两年间的搜索，拉飞脱终于在蒙特利尔市附近的森林中找到了。便采掘干制，运到中国来，大受欢迎。接着美国各地，都开始种植，每年也出产二十万斤左右。西洋参比较前面几种参，要小得多，药性效用，也不相同。"

吉儿问："人参的形态和生长习性怎样，也得讲个明白呀！"

二舅父说："人参是五加科土当归属①的宿根性草本植物。每年抽伸一茎。初年抽伸的茎，只尖端着一片复叶，是由三小叶合成的。到了秋季，茎叶一同枯死，第二年重抽一茎，尖端着生两片或三片由五小叶构成的复叶，同样到秋季枯死。第三年抽伸复叶三四片，全是由五小叶构成，再从叶柄的着生点，抽一条花梗，上面是伞形花序，花小，花瓣、花萼各五片，是两性花。从晚春起开到初夏，果实是浆果，起初是绿色，成熟

----

① 人参：五加科人参属的植物。（编者注）

时从黄色到红色，再转深红色。在同一花序中，周缘的果实先成熟，慢慢到中央。从七月中旬到八月上旬，完全成熟。每个果实里，含一到三粒种子，偶然有四粒的。每株的果数跟着它的年龄而增加，像三年生的，只结下二果和三果，四年生的有三果到十二果，五年生的有达四十果的。

"我们吃的便是它的根部，白色，上部肥大，下部尖细，和胡萝卜一样，但有很多分权。经过四五年，大的长八九寸，直径一寸左右。此后还会逐年增大，有活到几十年的。曾经有人用种子栽培，到五十二年后，掘起来一称，足有八斤多重，干燥后也有三斤多，真是一只大人参。

"人参是由两部分构成的，一部分是真的根，一部分是根茎，比根的上部细些，普通叫它蒂头。因为这部分年年发生地上茎，这种地上茎又都当年枯死，在根茎上留下痕迹。所以从这种痕迹，可以推知根的年龄。"

吉儿问："人参一向被称为补药，究竟根里含有哪些成分？"

二舅父说："人参的根里含有巴那吉伦（Panaquilon）[①]，对于人体的新陈代谢是很有利的，可作为兴奋剂、强壮剂和利尿剂。人参的特有香气，就是因为含有巴那专（Panacen）[②] 挥发油的缘

---

① 巴那吉伦（Panaquilon）：即人参奎酮。（编者注）
② 巴那专（Panacen）：即人参烯。（编者注）

故。还有沙坡甯（Saponin）^①，是一类化合物的糖苷，有促进唾液、胃液、胆汁的分泌，增强消化力的作用。"

吉儿又问："野山人参逐年在减少，何不人工栽培呢？"

二舅父说："对！现在店里出售的，多半是人工栽培的。适于栽培人参的环境是，冬季寒冷，夏季并不十分炎热，又有树林遮住阳光的地方，最好是向北倾斜的森林地。土壤方面，要富含腐殖质，水不停滞，土中空气流通好，水分的蒸发不快，又不十分干燥的壤质沙土或壤土。"

吉儿又问："人参是怎样制造的？"

二舅父说："人参在制造方法上，可以分为白参和红参两种。每年到了九月下旬，地上部将要枯死，是参根积蓄养分最多的时期，可趁阴天掘起，分别大小，然后着手制造。白参是把掘起的参根，不经洗涤，也不除去尾参，只用竹篾削去外皮，在太阳光下晒干。一般要晒四天，如果时间过长，制成品的色泽就不好了。红参是要选择粗的参根来做的。先用水洗净，放在素烧的甑里，再搁在水锅上面，加温度，摄氏一百三十度左右的蒸汽由细孔到了甑内，将参根蒸熟，大约要两点钟^②。蒸熟的参根，用火烘干，再在阳光下晒干。在半干时，将细根及形态不好的枝根剪去，整理好，便成红参了。大约制一斤干参，要用四斤左右的参根。"

---

① 沙坡甯（Saponin）：即皂苷。（编者注）

② 两点钟，即两个小时。（编者注）

双子叶植物
——合瓣花类

　　导读： 双子叶植物里的合瓣花类，也有不少与我们的生活息息相关。女贞树默默站岗，为街道添绿，它的果实还能入药。薄荷则是"清凉担当"，自带清新香气，揉一揉，那股凉意瞬间袭来，让人精神一振。它们还有哪些特色呢？和吉儿一起寻找答案吧！

女贞树

到了寒冷天气，校庭里的树木，多数已经把叶子落光了，只剩几条枝条，向天空伸着，像梧桐、白杨、柳树等全是这样。可是靠窗有十几棵大树，列成一排，倒还是叶儿青青的。吉儿看得好奇怪，忙去问一位同班的朋友李百全："这是什么树呀？"

李百全笑着说："你看！它到了冬天，还是青青的，就该叫作冬青树。"

王兴发正打面前走过，插嘴说："这是白蜡树，又叫女贞，不是冬青！"

李百全说："我听爸爸讲的，这是冬青树，什么白蜡树、女贞树，全不是！"

大家争论不休，便一起去找张老师了。

张老师说："一般人都应分清楚这两种树，虽然都是双子叶植物，冬青树是属冬青科，女贞树属木樨科，各不相同。而且冬青属的花瓣，基脚虽结合，仍旧算离瓣花植物；女贞属是合瓣花植物。"

他又接下去说："冬青树多长在山里，是常绿乔木，有二三丈高，叶互生，卵形带尖，边缘疏生浅锯齿，质厚，有光泽。夏季开花，花小，黄白色。雌花和雄花，长在各株上，都是四片花瓣，雄花有四根雄蕊，雌花有一根雌蕊，花序生在叶腋。果实圆形红色，很像红小豆。叶片煎成汁，可以做褐色染料。"

"那么女贞树的特征呢？"大家齐声问道。

张老师说："女贞树是属木樨科，木樨一般指桂花。木樨科的特征是，花为二出到六出……"

吉儿不待老师说完，便插嘴问道："什么二出、六出，我们听不懂呢？"

张老师说："出，有棱角的意思，所以花瓣和花萼（或者合称花被）的片数也叫作出。像梅花是五出，油菜花是四出。木樨科植物多数是合瓣（桂花），也有离瓣（西洋橄榄）和无瓣的（樨只具四萼片，没有花瓣）。有的开雌、雄蕊都全的两性花，也有只开雌花或雄花，各具雌蕊或雄蕊的单性花。但两性花和单性花，只针对被子植物来讲，这里我们暂且不讲。雄蕊两根，附着在花瓣的基脚，或在子房的下面，花丝短，药粗大。我们以前讲过，花中各部，都是由叶变成的，变雌蕊的叶，叫作心皮。木樨科植物的心皮，由两片合并而成。子房各室，含着两个倒生的胚珠，偶然有四至八个胚珠的。果实有的是自己开裂的蒴果；有的是种子较多的浆果（女贞）；有的是中央有大核的石果（西洋橄榄）。里面藏着两粒到四粒种子，偶然也有一粒的。种子上的营养组织，或有或无，卵孢子是单细胞。"

李百全又问："什么是营养组织？"

张老师说："种子里面多含着大量营养物质，供幼植物萌发时吸收的。像稻麦种子里的淀粉，花生、大豆种子里的蛋白质、脂肪等都是。由含着这等营养物质的一群细胞所构成的组织，叫作营养组织。木樨科植物，树是木本的居多，偶然有匍匐茎或草本的。叶对生或轮生，单叶或羽状复叶，缺乏托叶。花序集合成总状，或成聚伞花序。属于木樨科的植物，有三百九十多种，分布在温带和亚热带。主要的是女贞属、樨属、丁香属、木樨属等。

"女贞树的特征是，常绿的小乔木，高约一两丈，叶椭圆形，革质对生，边缘没有锯齿，叶头尖，有短柄。夏天开白色小花，成聚伞的圆锥花序，着生在枝梢的尖端，花冠合瓣，四裂，雄蕊两根，高高竖立，超出花冠，柱头肥大。十一月间果实成熟，蓝黑色，长椭圆形，两端尖，恰像鼠粪。冬青和女贞，因为叶形相像，又都是常绿树，是很容易混淆不清的。两种树主要的差别是，女贞叶对生，花序顶生，果实熟后蓝黑色，冬青叶互生，花序腋生，果实熟后红色。我们校庭里种的，是女贞不是冬青，王兴发讲的对。"

吉儿和李百全，因为明白了木樨科植物的特征和女贞、冬青的主要差别，心中很是欢喜，至于辩论胜利的王兴发，更有说不出的开心，大家蹦蹦跳跳地跑开了。

过了一会儿，上课铃响，吉儿这班上的，正是张老师的课。点好了名，张老师便说："今天我们讲点延伸知识好不好？"大家齐声说："好！"

张老师说："今天我准备来谈谈女贞树和白蜡虫。女贞树在我国四川、贵州、湖南、浙江、福建、云南及安徽等地都有，我们校庭里也有几棵，不过是用来放养白蜡虫的，要算四川、云南两省以及湖南的衡阳、永州，浙江的义乌，安徽的婺源最多。

"女贞树是七月间开花，十二月果实成熟。种子每升重十四两，有八千粒到一万粒。发芽率六成左右，可以保存一年。

"女贞是温带的树木，在湿润地生长最好。繁殖法除播种外，也可用插条法。女贞播种，要在果实成熟时，采下就播，十二月中下旬最适宜，太早或太迟，都不容易发芽成苗。一般用条播法，覆土三四分，不必盖草，要使它多受寒气。播种量是每厘苗床用种子五个。播后经过十二星期便会发芽，每亩平均可得苗七万株。到苗高四五寸时，在行间除草松土一回。一年生苗，平均高一尺四五寸。这时，还不能移植，最好到三年后，这样才能完全成活。

"女贞树的用处很大，果实是一种重要的国药，有补肝肾、强腰膝、治虚损、聪耳明目的功效。叶里含紫丁香素（Syringin）、苦杏仁酵素（Emulsin）等，可医治脚疮、口舌疮，有清血、消肿的作用。材质紧密，不论心材、边材都是灰白色，可做器具。最大的用处，还是放饲白蜡虫，采收白蜡，所以又有蜡树的别名。"

"白蜡虫是怎样的养法？是不是和采桑饲蚕这样，采摘女贞树的叶子，在家里饲养？"吉儿站起来问了。

张老师说："我国在五百多年前的元朝，已经有人在饲养白蜡虫了。饲养方式有两种，第一种是自生式，就是任其自然，起初虫从别处移来，一忽儿枝上积蜡，白如霜雪，便可折枝提蜡了。明年再生虫子，这样一代一代下去，如果不去解决，不久树便枯死，若能够设法抑制，除去一部分虫子，便可维持下去。第二种叫寄子法，是采取野生女贞树上的虫卵，移植到栽培的女贞树上的。像四川，多在四月下旬从建昌附近的野生树上，剪下附有虫卵的枝条，修去余枝，只剩寸把长的一截，上面有卵附着，也有三四颗至十余颗集成一簇的。再剥下卵包，在水里浸一刻钟，拿出用纸包裹，或放入竹笼，送到养殖地方。为了避免阳光直射，多在夜里搬运，休息时要开笼通气。到达目的地后，要赶快移到树上去。像四川的嘉定、峨眉、犍为等地，多在畦畔混植白蜡树和女贞树，连绵几百里。把送来的虫卵，每二三十个，用梧桐叶或竹箬包起来，两端用稻草缚好，再在叶或箬上，穿两三个小孔，把它挂在树上。不久，内部孵化的幼虫，从小孔移到叶枝，吸收树汁，慢慢长大。也有把卵包用竹箬包好后，放入洁净的瓮里，如果阴雨连续，可经几天，天热，幼虫一齐出来，要赶快寄送。所以剪子的迟早，和气候寒暖有关。像浙东的义乌，要到吴兴、萧山、余姚等地买子，气候又热，怕虫早出，所以在立夏前两三天剪子。像浙西及沪宁一带，最好立夏后剪，小满前后寄送。北方的天气愈寒冷，寄送愈迟。

"虫体分泌白蜡，多附在树枝上，经两三个月后，就可截断厚厚地积着白蜡的树枝，用手剥取蜡层，投进有沸水的锅里，融化后，舀取水面上浮着的蜡层，放入模型冷却，便成'蜡堵'了。

"白蜡虫是昆虫纲，白蜡蚧属的昆虫。所分泌的蜡，叫作虫白蜡，也叫虫蜡或中国蜡，因为这种树和虫，都是我国的特产。"

张老师正要下课的时候，李百全又站起来问："什么是水蜡树？"

张老师说："水蜡树是和女贞树同科同属的植物，我国北部、中部都有。四川多种在田埂上，放饲白蜡虫。枝条俗称'白蜡条'，很柔韧，细的可以编用具，粗的可做手杖。"

薄荷

　　初夏天气，寒暖不定，吉儿因为运动后洗了一个冷水澡，受凉了，第二天清早起来，头胀脑晕，有点发烧，便向学校里请了一天病假，在家休息。一会儿，母亲拿出一个外涂黄漆、木质的心形瓶，旋转一圈，把盖拿下，上面连着洁白的一截圆柱体，把它在吉儿太阳穴使劲擦。吉儿感觉非常凉爽，头涨也减轻了不少。忙问："这是什么？是怎么从脑子里钻进去的？"

　　母亲说："这叫奇异锭，是用薄荷脑做成的。薄荷的茎叶里面，含有一种芳香性的油，叫作薄荷油。薄荷油里面，又含有一种结晶性的物质叫作薄荷脑。薄荷油和薄荷脑，可以医治伤风、咳嗽、头痛、头昏、牙齿痛、呕吐、胃病、支气管炎等病症，像十滴水、万金油、仁丹，和刚才用的奇异锭，都用薄荷脑做主要原料。此外像牙膏、牙粉、糖果、香烟、香水、糕饼和清凉饮料里，也都有薄荷油和薄荷脑的。"

　　吉儿又问："那么薄荷究竟是怎样的一种植物？"

　　母亲说："薄荷的花瓣，下半截联合成筒形，所以属于被子植物中的合瓣花类，又因这样花被的植物，算是最进步的，所以又叫后生花被类。又因花是左右相称，心皮各室有两个（偶然有一个）胚珠，叶是对生，所以归属唇形花科。

"薄荷属是唇形花科里的一属，包含着好多种，人工栽培的一共有七种。"

吉儿问："那么薄荷的形态是怎样的？"

母亲说："薄荷是多年生草本植物。茎是方形的，春天从根茎上抽茎，到夏天就有一二尺高了，满生短毛。卵形或椭圆形的叶，两两相对地生在茎上，柄短，上半部的边缘有锯齿，也密生短毛。茎和叶都有特殊的香气。到了夏末秋初，各节的叶腋上，便抽生排列成轮状的小唇形花。花是淡紫色，花冠上部分裂成四片，最大的一片，叫作上唇，中央微微凹下，大概是由两片合并而成的。四条雄蕊，和花冠一样长。雌蕊一个，柱头对裂。果实是瘦果，种子细小。"

吉儿又问："薄荷种在哪些地方？"

母亲说："薄荷原是一种野生植物，路边阴湿地方常能看到它，长江以南，特别多。我国在两千多年前，已经知道它的药用价值。起初采集自然生长的来用，后来因需求增加，供不应求，便大量栽培了。我国现在主要的产地，是江苏省的南通、海门和太仓，此外安徽、江西、河北、浙江等地也有少量出产。

"欧洲、美洲和北非洲各国，也都在种植，但数量不多，含脑率很低。日本在战前原有不少出产，现在也比不上了。所以全世界需要的薄荷油、薄荷脑，主要靠我国供给。"

"那么薄荷有多少品种？哪些品种最好？"吉儿问。

母亲说："薄荷里面有好多的品种和变种，不单在油量、品质、含脑率等方面，有极大的差异，连形态上也各有特点。拿叶的形状来说吧！有圆叶种和卵叶种；拿茎的色泽来讲，有青茎种和红茎种，此外还有白毛种。我国现在种植的品种，要算青茎圆叶种、紫茎紫服种最好，前者每年每亩可产油十二斤到十六斤，最多的可到二十斤，后者是十二斤到十四斤。"

"那么薄荷喜欢怎样的气候、土质？怎样种植？"吉儿又问。

母亲说："在温带，薄荷是到处都能生长的。像种植棉花、大豆、高粱、玉蜀黍等的旱地，以及能够种植水稻的水田、山地和河边荒地，都是可以的。

"薄荷是多年生宿根植物，种植后可以收获几年。但到第三年以后，所产油分减少，就需要重新种植了。繁殖方法，有茎植法、苗植法两种。茎植法是用健全、白嫩的地下茎，时间最好在秋季。到地上茎刈割后，经过二十多天，地下茎伸长到四五寸，外部坚硬，稍带黄色时掘起，选择充实而节间短的，浆多的，把它弯过来，依二三寸长的标准切断。在准备好的地上，每隔七八寸开一条深二三寸的浅沟，把切好的地下茎撒在沟里，每隔三寸左右撒一段，再把泥土填平浅沟，稍稍压平整一些。苗植法是在秋、冬季节，先把带有须根的地下茎，种在一块小小的苗床上，到了次年四五月里，选拔健全的秧苗，移到准备好的大田里去，每隔七八寸种两株苗。种后浇水，苗就容易活了。

"等到新芽发生后，过密的地方，实行疏拔。在夏秋两季，要除草四五次。因为杂草繁盛，不单要夺取养分、水分，并且使地温降低，让阳光透通不好，弄得薄荷茎上的低叶，早早落下，最终导致减收，所以除草要勤。中耕时要掘得浅些，勿碰伤地下茎。

"薄荷是要采取茎叶的，所以要多施氮肥，使茎叶繁茂。通常每亩每年用豆饼二百五十斤、人粪尿四百斤、草木灰一百斤，堆肥五担到十担。在三、四、六、八月里分做四次施用。不过在收获前一个月内，不要施肥。

"在暖和的地方，连年种植薄荷，往往会发生很多的锈病。如果是水田，中间可隔种一年稻，因为灌溉水可以冲去根部分泌的毒汁。如果是旱地，种了薄荷三四年，便可休栽二三年。"

吉儿问："薄荷是什么时候收获的？"

母亲说："在长江流域一带，通常每年收获两次，第一次在七月下旬，第二次在十月下旬。如果肥料充足，管理周到，可以收获三次。第一次在六月初，第二次在八月初，第三次在十一月初。第一、二次收获，在即将开花时期，茎叶粗刚，低叶渐渐呈现黄绿色，这时含油量最多，油质也好。不过第三次要在开花旺盛时期收割。薄荷的收割，要选择晴天，用镰刀刈取，第一次离地面二寸处刈割，第二次离地面四寸左右处，最后一次的刈割，要在根际了。每亩的收获量，是鲜叶千斤左右，约得干叶三百斤。收割下来的鲜叶，最好用绳子扎起来，悬挂在通风和空气流通的屋内或檐下，避免雨露和阳光直射，要二三十天，才能充分干燥。"

"那么薄荷油、薄荷脑是怎样提炼的？"吉儿问。

母亲说："薄荷脑油是用蒸馏法提炼的，先把干薄荷装在木桶里，桶放在有水的锅里。桶底有无数小孔，蒸气从小孔入桶。桶盖密封，不能泄气。桶盖的中央，装一条导管，在冷却器里盘旋通过。管的末端，放着一个接受器。接受器是由内外两桶套合而成，内桶底上有小孔，外桶旁有出水口，并且有活塞控制排水。蒸馏出来的原油，在冷却器里凝结成液体，滴入接受器的内桶中。油质比较轻，浮在水面，水分由内桶底上的小孔流到外桶，拔去活塞，待水流尽，内桶里剩下的便全是原油。把这种原油倒进罐内，保持华氏四十三度的温度，经过两三小时，薄荷脑就分离出来了，变成结晶，其余的便是薄荷油了。"